无居民海岛使用测量培训教程

吴姗姗　毛　健　王艳茹　编著

海洋出版社

2013年·北京

图书在版编目(CIP)数据

无居民海岛使用测量培训教程/吴姗姗,毛健,王艳茹编著. —北京:海洋出版社,2013.4
ISBN 978-7-5027-8484-3

Ⅰ.①无… Ⅱ.①吴… ②毛… ③王… Ⅲ.①海岛-测量-培训教程 Ⅳ.①Q16

中国版本图书馆 CIP 数据核字(2013)第 258659 号

责任编辑:苏 勤
责任印制:赵麟苏
海洋出版社 出版发行

http://www.oceanpress.com.cn
北京市海淀区大慧寺路 8 号 邮编:100081
北京旺都印务有限公司印刷 新华书店发行所经销
2013 年 4 月第 1 版 2013 年 4 月北京第 1 次印刷
开本:787mm×1092mm 1/16 印张:8.5
字数:230 千字 定价:35.00 元
发行部:62132549 邮购部:68038093 总编室:62114335

前　言

随着沿海地区经济、社会的快速发展，自然资源和陆域空间日益短缺，邻近大陆的海岛特别是无居民海岛逐渐成为拓展经济发展空间的重要依托，无居民海岛的开发利用活动逐渐增多。2010 年 3 月 1 日实施的《中华人民共和国海岛保护法》（以下简称《海岛保护法》）规定，无居民海岛属于国家所有，单位和个人经过依法批准可以取得开发利用无居民海岛的权利。为了有效、快速推进无居民海岛使用管理工作，《海岛保护法》出台后，国家海洋局发布了《无居民海岛使用申请审批试行办法》、《无居民海岛使用权登记办法》等一系列文件，还与财政部联合发布了《无居民海岛使用金征收使用管理办法》。这些文件对无居民海岛使用权管理需要的数据和图件做出了规定，对无居民海岛使用权管理、开展和规范无居民海岛使用有关的测量工作，提出了具体要求。

无居民海岛使用测量是无居民海岛使用权管理的基础工作。无居民海岛经确权颁发无居民海岛使用权证书后，无居民海岛使用测量提供的数据和图件便具有法律效力。为此，为维护无居民海岛国家所有权和用岛单位或个人的使用权，推进无居民海岛使用管理，2011 年 6 月国家海洋局发布了《无居民海岛使用测量规范》（附件 1）。为了有效指导无居民海岛使用测量资质单位和测量技术人员掌握无居民海岛使用测量基本内容，规范测量工作程序和方法，为国家和用岛单位提供客观、准确、规范的测量数据，依据《无居民海岛使用测量规范》编写了《无居民海岛使用测量培训教程》。

本教程主要包括六个方面内容，即无居民海岛使用测量概述、测绘基础知识、无居民海岛使用测量基本要求、全站仪简介及其测量、全球定位系统简介及其测量、无居民海岛使用测量实例。

本教程既适合于具有测绘专业背景的测量人员使用，使其能尽快了解和掌握无居民海岛使用测量的特殊性，更好地为无居民海岛使用管理服务。也适合于没有测绘专业背景和经验的技术人员阅读，使其能够快速掌握无居民海岛使用测量的基本技能，规范地进行无居民海岛使用测量工作。

教程编写过程中，得到了国家海洋局海岛管理司领导的关心和支持，得到了天津师范大学刘百桥教授、国家海洋局第一海洋研究所刘炎雄研究员和田梓文工程师、天津市测绘院张志权高级工程师和王建营工程师的指导和帮助，在此一并感谢。

由于水平有限,教程中难免存在一些缺点和不足,敬请广大读者和有关专家给予批评指正。

编　者

2012 年 6 月

目 次

第1章　无居民海岛使用测量概述

了解无居民海岛使用测量基本内容以及需要开展无居民海岛使用测量的情形、需要形成的主要测量成果，是开展无居民海岛使用测量工作的前提和基础。本章主要介绍无居民海岛测量工作的基本内容。

1.1　无居民海岛使用测量有关概念

开展无居民海岛使用测量就是要提供无居民海岛使用权管理需要的基础数据，如无居民海岛使用权界址、用岛面积、建筑物和设施高度、建筑物和设施占岛面积、无居民海岛使用的位置图、分类型界址图、建筑物和设施布置图，以及无居民海岛利用的岛体体积、植被和岸滩面积、海岸线长度，等等。它不同于海域使用现状测量、海籍调查、地籍测量、房产测量等已有的专业测量。因此，这里需要明确几个与无居民海岛使用权管理、无居民海岛使用测量有关的概念。

(1)海岛

根据《中华人民共和国海岛保护法》(以下简称《海岛保护法》)的定义，海岛是指四面环海水并在高潮时高于水面的自然形成的陆地区域，包括有居民海岛和无居民海岛。

(2)无居民海岛

无居民海岛是指不属于居民户籍管理的住址登记地的海岛。

(3)无居民海岛使用

无居民海岛使用是指持续使用特定无居民海岛或无居民海岛上特定区域的排他性用岛活动。

(4)用岛类型

用岛类型是指根据无居民海岛使用的主要方式划分的基本类型。

财政部、国家海洋局联合发布的《无居民海岛使用金征收使用管理办法》(财综[2010]44号)中规定，用岛类型包括填海连岛、土石开采、房屋建设、仓储建筑、港口码头、工业建设、道路广场、基础设施、景观建筑、游览设施、观光旅游、园林草地、人工水域、种养殖业和林业用岛等15种。无居民海岛各用岛类型的界定方法或定义见附件2。

(5)用岛区块

用岛区块是指无居民海岛使用范围内按不同用岛类型划分的若干区域。

根据无居民海岛资源环境状况和使用需求，用岛区块划分过程中，在同一个无居民海岛使用范围内部，同一用岛类型可能是一个区块，也可能是若干个区块。

(6)界址点

界址点是指用于界定无居民海岛使用范围及其内部用岛区块界线的拐点，包括用岛范围顶点和用岛区块顶点。

(7) 用岛区块面积

用岛区块面积是指用岛区块的自然表面形态面积。

自然表面形态面积是海岛表面自然高低起伏的表面面积，不同于海岛投影面面积。

(8) 用岛面积

用岛面积是指无居民海岛使用范围内的自然表面形态面积，等于各用岛区块面积之和。

(9) 海岛投影面面积

海岛投影面面积是指海岛海岸线围成区域的水平投影面面积。

(10) 占岛面积

占岛面积是指建筑物和设施外缘线围成区域的水平投影面面积。

1.2 无居民海岛使用测量基本内容

为满足无居民海岛使用权管理需要，无居民海岛使用测量基本内容包含四个方面。

(1) 无居民海岛使用权界址点坐标测量，包括用岛范围顶点坐标和用岛区块顶点坐标的测量。

(2) 用岛面积和用岛区块面积计算。

(3) 建筑物和设施占岛面积、建筑面积计算，建筑物和设施高度测量。

(4) 土石采挖量、岸滩和植被减少面积、海岛海岸线改变长度计算。

部分无居民海岛开发利用可能涉及周边海域，周边海域测量内容根据使用需求确定，测量技术方法按照海域使用测量的有关规定和技术规范执行。

1.3 需要开展无居民海岛使用测量的主要情形

在无居民海岛使用权管理中的多个阶段，如单岛规划编制、无居民海岛使用申请、无居民海岛使用金评估、无居民海岛使用权登记和变更登记等，都需要进行无居民海岛使用测量，但各个阶段的需求和具体测量内容有所差异。

1.3.1 单岛规划编制

依据《海岛保护法》及国家海洋局下发的《县级(市级)无居民海岛保护和利用规划编写大纲》(国海岛字[2011]332 号)规定，县级海洋行政主管部门组织编制"县级(市级)无居民海岛保护和利用规划"，由县级政府批准。不设县级海洋行政主管部门的地区，由市级海洋行政主管部门组织编制，并由市级政府批准。县级(市级)无居民海岛保护和利用规划是对拟开发利用的无居民海岛编制的单岛保护和利用规划，业内称为"单岛规划"。无居民海岛使用申请审查中，有审批权限的海洋主管部门需要审查申请材料(包括无居民海岛使用申请书、坐标图、无居民海岛开发利用具体方案、无居民海岛使用项目论证报告等)是否符合县级(市级)无居民海岛保护和利用规划。单岛规划是无居民海岛使用权申请审批管理的重要依据。单岛规划要明确无居民海岛地理坐标位置、海岛面积、单岛保护区面积等数据。这些数据可由历史文献资料提供，对于历史文献资料不能提供的，需现场测量获得。

1.3.2　无居民海岛使用申请

《海岛保护法》规定，“开发利用无居民海岛的单位和个人，应向海洋主管部门提出用岛申请，同时必须一并提交《无居民海岛开发利用具体方案》”。与这一规定配套，国家海洋局发布了《无居民海岛使用申请审批试行办法》(国海岛字[2011]225号)、《无居民海岛开发利用具体方案编制办法》(国海岛字[2010]644号)、《无居民海岛使用项目论证报告编写大纲》(国海岛字[2011]164号)、《无居民海岛开发利用具体方案编写大纲》(国海岛字[2011]165号)、《无居民海岛使用申请书(格式)》(国海岛字[2010]548号)等规范性文件。这些文件要求，无居民海岛使用申请过程中，即填写申请书、编制无居民海岛开发利用具体方案和项目论证报告阶段，测量海岛的面积、用岛面积、用岛范围顶点坐标、分类型用岛面积，建筑物和设施占岛面积、用岛面积、高度，项目占用海岸线的位置及长度等数据，以及用岛位置图、分类型界址图、建筑物和设施布置图等图件。对于局部使用无居民海岛的用岛项目，还应当注明该项目在海岛上的具体位置和利用范围。

1.3.3　无居民海岛使用金评估

《海岛保护法》规定，“经批准开发利用无居民海岛的，应当依法缴纳使用金。但是，因国防、公务、教学、防灾减灾、非经营性公用基础设施建设和基础测绘、气象观测等公益事业使用无居民海岛的除外”。《无居民海岛使用金征收使用管理办法》要求，“无居民海岛使用权出让前出让价款应当进行预评估。评估结果是确定无居民海岛使用金的重要参考依据”。根据《无居民海岛使用权出让评估技术标准(征求意见稿)》，无居民海岛使用金评估需要无居民海岛开发利用中土石采挖量、岸滩和植被的减少面积、海岛海岸线改变长度等基础数据。评估过程中，这些基础数据的数量指标应当由《无居民海岛开发利用具体方案》等资料提供，但需要评估单位对这些数量指标进行现场的测量核查无误后，才能作为使用金评估的数据基础。

1.3.4　无居民海岛使用权登记和变更登记

《无居民海岛使用权登记办法》(国海岛字[2010]775号)规定，“通过申请审批或者招标、拍卖、挂牌方式确定无居民海岛使用权人的，使用人依法缴纳无居民海岛使用金后，申请初始登记”。“经批准分次缴纳无居民海岛使用金的项目全部缴清无居民海岛使用金后，或者无居民海岛开发利用具体方案中含有建筑工程的项目主体建筑工程竣工验收后，使用人应当申请办理变更登记。”《无居民海岛使用权登记表(格式)》(国海岛字[2010]548号)明确了无居民海岛使用登记需填写海岛名称、位置，用岛面积、用岛范围顶点坐标、分类型用岛面积，建筑物和设施名称、占岛面积、建筑面积、高度，以及无居民海岛使用的坐标图(位置图、分类型界址图、建筑物和设施布置图)等内容。

初始登记需要的数据和图件在编制无居民海岛开发利用具体方案时已经进行了测量。对于需要变更登记的内容，需要针对开发利用后的实际状态进行测量，然后按要求逐项进行登记。

1.4 无居民海岛使用测量单位和人员要求

无居民海岛使用测量是一项专业性比较强的工作，不仅要求测量单位有测量资质，测量人员还需要了解无居民海岛使用测量的特殊要求和无居民海岛使用管理的有关要求。

(1)测量单位

承担无居民海岛使用测量任务的单位，应当依法取得测绘资质证书，并且应在规定的有效期内。从事无居民海岛使用测量，同其他专业测量一样，都要求有资质证书，并且资质证书中规定的从业范围应该满足无居民海岛使用测量的要求。

(2)测量人员

测量人员除了掌握测量基本常识和技能外，还应参加无居民海岛使用测量培训，熟悉并掌握无居民海岛基本常识、无居民海岛使用测量规范的要求。同时，测量人员应熟悉无居民海岛使用管理的有关规定，并有责任监督和督促无居民海岛使用单位或个人遵守国家有关规定。对于违反无居民海岛使用管理要求的测量任务，测量人员应该提出修改意见。测量任务方案修改后并符合无居民海岛使用管理规定的情况下，才能实施测量工作。测量任务委托方不同意修改的，测量人员应拒绝测量。

第2章　测绘基础知识

了解和掌握一些测绘基础知识，是进行无居民海岛使用测量工作的基础。本章主要介绍水准面和参考椭球面、确定地面点位的坐标系、常用的坐标系统、坐标转换基本方法、地面点高程、控制测量和碎部测量、用水平面代替水准面的限度、测量误差等基本内容。

2.1　水准面和参考椭球面

测量工作是在地球表面上进行的，许多测量基本理论和方法都与地球的形状密切相关，因此，必须了解地球的形状和大小。地球的自然表面形态复杂多样，有高山、丘陵、平原和海洋底部等，是起伏不平的不规则曲面。地面上最高的珠穆朗玛峰，高出海平面 8 844.43 m，而位于太平洋西部马里亚纳海沟的斐查兹海渊比平均海水面低 11 034 m，为已知的世界海洋最深点。但因地球的半径约为 6 371 km，故地球表面的起伏相对于地球庞大的体积来说是极微小的。同时，整个地球表面上海洋面积约占 71%，陆地仅占 29%，所以海水面所包围的形体基本上表示了地球的形状。人们通常用一个向陆地内部延伸的静止海水面所包围的形体来表示地球的形状。这种静止海水面称为水准面。随着静止海水面高度的不同，水准面有无数个，而其中通过平均海水面的一个水准面称为大地水准面。该表面是一个处处与重力方向垂直的曲面。重力方向线是铅垂线，也是测量工作中很重要的基准线，而大地水准面是测量高程的基准面。

大地水准面包围的形状称为大地体，它非常接近一个两极扁平、赤道隆起的椭球。由于地球表面不平和内部质量分布不匀，引起铅垂线方向变化，使大地水准面成为一个复杂而又不能用数学式表达的曲面，因而在大地水准面上进行测量和数据处理就非常困难。

为了便于测量、计算和制图，在测量上选用一个与大地水准面的形体非常接近并具有一定参数的地球椭球，即参考椭球，参考椭球的表面称为参考椭球面。大地测量在极复杂的地球表面进行，而处理大地测量结果均以参考椭球面作为基准面。参考椭球是一个旋转椭球体，它是由椭圆 NESW 绕其短轴 NS 旋转而成的，其旋转轴与地球自转轴重合，如图 2.1 所示。

地球椭球体的形状和大小取决于 a（长半径）、b（短半径）、f（扁率）三个参数，三者之间的关系为：

$$f = \frac{a - b}{a}。\qquad (2-1)$$

2.2　确定地面点位的坐标系

为了确定地面点位的空间位置，需要建立各种坐标系。点的空间位置需用三维坐标来

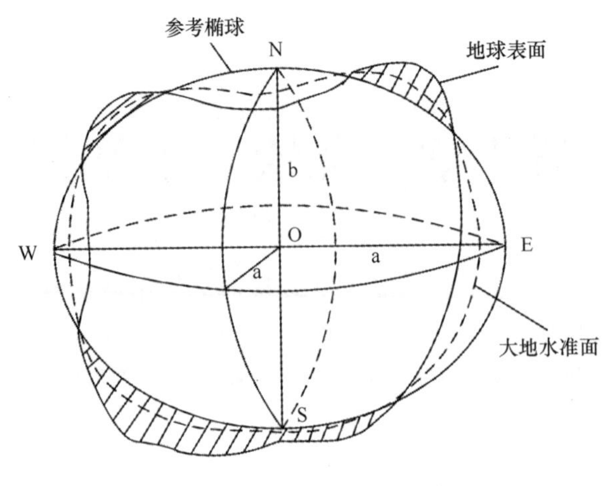

图 2.1 水准面和参考椭球

表示,在测量工作中,一般将点的空间位置用球面或平面位置(二维)和高程(一维)来表示,它们分别属于大地坐标系、平面直角坐标系和高程系统;在卫星测量中,用到空间直角坐标系。在各种坐标系之间,对于地面点的坐标和各种几何元素可以进行换算。

2.2.1 大地坐标系

大地坐标系又称地理坐标系,是以地球椭球面作为基准面,以首子午面和赤道平面作为参考面,用经度和纬度两个坐标值来表示地面点的球面位置。如图 2.2 所示,地面点 A 的"大地经度"(L)为通过 A 点的子午面与首子午面(起始子午面,通过英国 Greenwich 天文台)之间的夹角,由首子午面起算,向东 0°~180°为东经,向西 0°~180°为西经;A 点的"大地纬度"(B)为通过 A 点的椭球面法线与赤道平面的交角,由赤道面起算,向北 0°~90°为北纬,向南 0°~90°为南纬。大地经纬度 L、B 是地面点在地球椭球画上的二维坐标,另外一维为点的"大地高"(H),是沿地面点的椭球面法线计算,点位在椭球面之上为正,在椭球面之下为负。大地坐标 L、B、H 可用于确定地面点在大地坐标系中的空间位置。

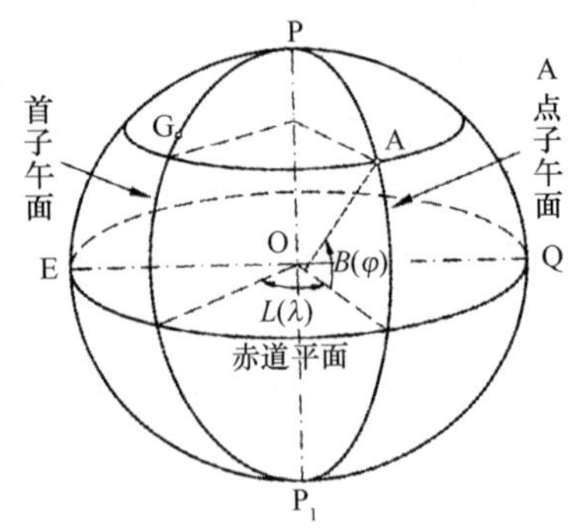

图 2.2 大地坐标系

2.2.2 空间直角坐标系

空间直角坐标系又称地心坐标系,是以地球椭球的中心(即地球体的质心)O 为原点,起始子午面与赤道面的交线为 X 轴，在赤道面内通过原点与 X 轴垂直的为 Y 轴，地球椭球的旋转轴为 Z 轴，如图 2.3 所示。地面点 A 的空间位置用三维直角坐标（x_A，y_A，z_A）表示。A 点可以在椭球面之上，也可以在椭球面之下。

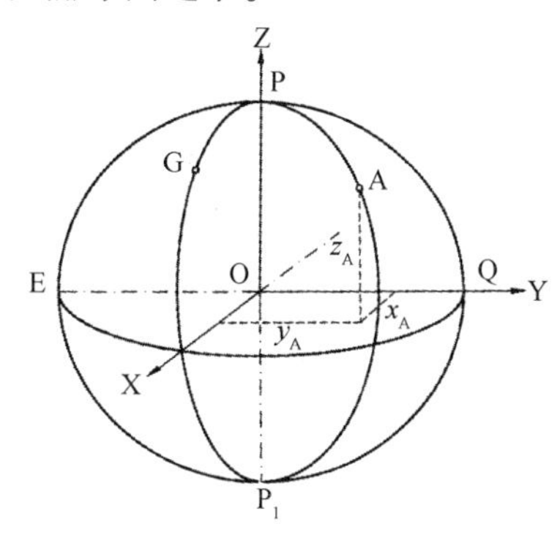

图 2.3　空间直角坐标系

2.2.3　高斯平面直角坐标系

大地坐标系和空间直角坐标系一般适用于少数高级控制点的定位，或作为点位的初始观测值，而对于无居民海岛使用测量中确定大量地面点位来说，是不直观和不方便的。这就需要采用地图投影的方法，将空间坐标变换为球面坐标，或将球面坐标变换为平面坐标，或直接在平面坐标系中进行测量。由椭球面变换为平面的地图投影方法一般采用高斯 - 克吕格投影（简称高斯投影）。根据高斯 - 克吕格投影建立起来的平面直角坐标系称高斯平面直角坐标系。

（1）高斯投影原理

如图 2.4 所示，设想有一个椭圆柱面横套在地球椭球体外面，使它与椭球上某一子午线（该子午线称为中央子午线）相切，椭圆柱的中心轴通过椭球体中心。然后用一种等角投影的方法，将中央子午线两侧各一定经差范围内的地区投影到椭圆柱面上，再将此柱面展开即成为投影面，故高斯投影又称为横轴等角切椭圆柱投影。

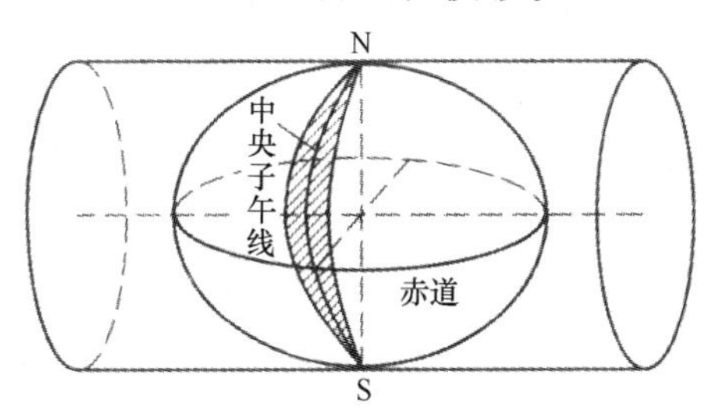

图 2.4　高斯投影

高斯投影是正形投影的一种，投影前后的角度相等。此外，高斯投影还具有以下特点。

①中央子午线投影后为直线，且长度不变。距中央子午线越远的子午线，投影后变曲程度越大，长度变形也越大。

②椭球面上除中央子午线外，其他子午线投影后，均向中央子午线弯曲，并向两极收敛，

对称于中央子午线和赤道。

③在椭球面上对称于赤道的纬圈，投影后仍成为对称的曲线，并与子午线的投影曲线互相垂直且凹向两极。

我国从1952年开始正式采用高斯－克吕格投影，作为我国1∶50万及更大比例尺的国家基本地形图的数学基础。

（2）高斯平面直角坐标系

在投影面上，中央子午线和赤道的投影都是直线。以中央子午线和赤道的交点O作为坐标原点；以中央子午线的投影为纵坐标轴X，规定X轴向北为正；以赤道的投影为横坐标轴Y，Y轴向东为正。这样便形成了高斯平面直角坐标系，如图2.5所示。高斯平面直角坐标系与大地坐标系之间的坐标换算可应用高斯投影坐标计算公式。

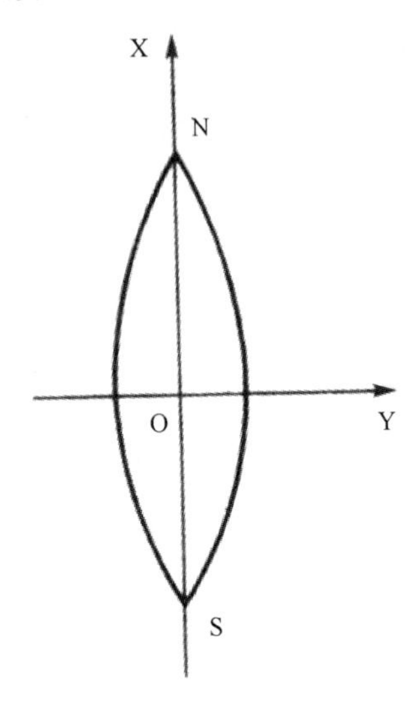

图2.5　高斯平面直角坐标系

（3）投影带

在高斯投影中，除中央子午线上没有长度变形外，其他所有长度都会发生变形，且变形大小与横坐标Y的平方成正比，即距中央子午线愈远，长度变形愈大。为了控制长度变形，将地球椭球面按一定的经度差分成若干范围不大的带，称为投影带。分带时，既要考虑投影后长度变形不大于测图误差，又要使带数不致过多以减少换带计算工作。我国规定按经差6°和经差3°进行投影分带，分别称为6°带、3°带，如图2.6所示。在进行1∶25 000或更小比例尺地形图测图时，通常用6°带，3°带则用于1∶10 000或更大比例尺地形图测图。特殊情况下也可采用1.5°带或任意带。

6°带：从0°子午线起，每隔经差6°自西向东分带，依次编号1，2，3，…，60，每带中间的子午线称为轴子午线或中央子午线，各带相邻子午线叫分界子午线。我国领土跨11个6°投影带，即第13带至第23带。带号N与相应的中央子午线经度L_0的关系是：

$$L_0 = 6°N - 3° \qquad (2-2)$$

3°带：以6°带的中央子午线和分界子午线为其中央子午线。即自东经1.5°子午线起，每隔经差3°自西向东分带，依次编号1，2，3，…，120。我国领土跨22个3°投影带，即第24带至第45带。带号n与相应的中央子午线经度l_0的关系是：

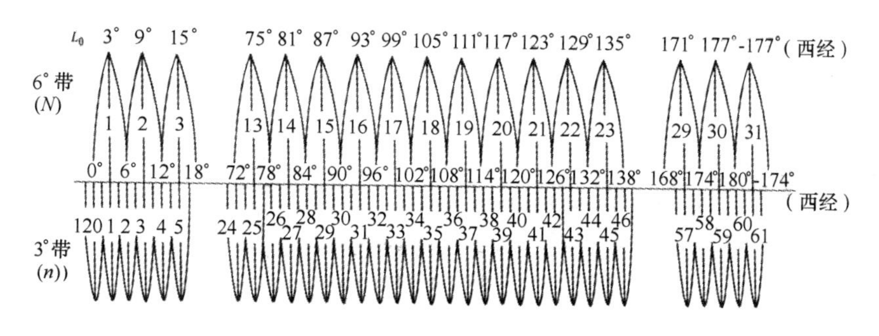

图 2.6　6°带与 3°带

$$l_0 = 3°n \tag{2-3}$$

由于我国现有无居民海岛一般面积较小，采用 6°带或 3°带不合适。无居民海岛使用测量中，一般采用与用岛范围中心相近的 0.5°整数倍经线为中央经线。

(4) 国家统一坐标

我国位于北半球，在高斯平面直角坐标系内，X 坐标均为正值，而 Y 坐标值有正有负。Y 坐标的最大值（在赤道上）约为 330 km，为避免 Y 坐标出现负值，规定将 X 坐标轴向西平移 500 km，即所有点的 Y 坐标值均加上 500 km，如图 2.7 所示。此外为便于区别某点位于哪一个投影带内，还应在横坐标值前冠以投影带带号。这种坐标称为国家统一坐标。

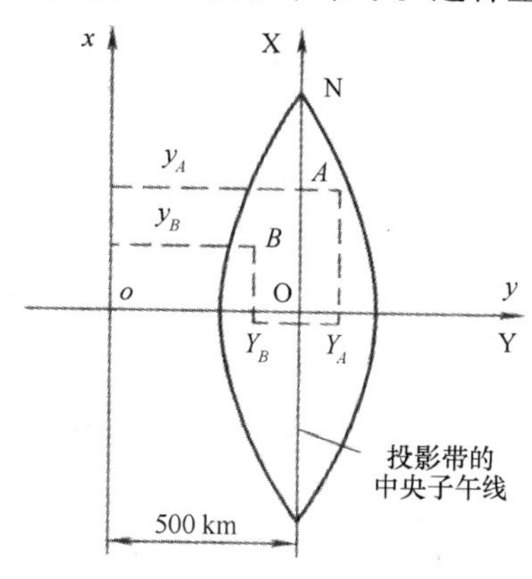

图 2.7　国家统一坐标

2.3　测量中常用的坐标系统

测量中常用的坐标系统主要有：1954 年北京坐标系，1980 西安坐标系，WGS84 世界大地坐标系，2000 国家大地坐标系。

(1) 1954 年北京坐标系

1954 年北京坐标系是我国 20 世纪 50 年代由原苏联 1942 年普尔科夫坐标系传算而来，采用克拉索夫斯基椭球体，其参数为：长半轴为 6 378 245 m，扁率为 1/298.3。

这个坐标系的建立在我国国民经济和社会发展中发挥了巨大的作用，但该坐标系存在着定位后的参考椭球面与我国大地水准面符合差值较大，其椭球的长半轴与现代测定的精确值相比长 100 余米的缺陷。同时,该系统提供的大地点坐标是通过局部平差逐级控制求得的。由于施测年代不同、承担单位不同,不同锁段算出的成果相矛盾,给用户使用带来困难。

(2)1980 西安坐标系

在 1975 年国际大地测量和地球物理联合会的第十六届全体大会上,专题组根据该会所属的"基本大地常数",综合了十几年国际上的研究成果,确定并提出了 1975 年大地坐标系相对应的椭球(简称 IAG－75 椭球),并把该椭球推荐为国际椭球。其主要参数为:长半轴为 6 378 140 m,扁率为 1/298.257。IAG－75 椭球参数精度较高,能更好地代表和描述地球的几何形状和物理特征。在其球体定位方面,以我国范围内高程异常平方和最小为原则,做到了与我国大地水准面较好的吻合。此外,1982 年我国已完成了全国天文大地网的整体平差,消除了之前局部平差和逐级控制产生的不合理影响,提高了大地网的精度,在上述基础上建立的 1980 西安坐标系比 1954 年北京坐标系更科学、更严密,更能满足科研和经济建设的需要。

(3)WGS84 世界大地坐标系

WGS84(World Geodetic System－84)世界大地坐标系是全球定位系统(GPS)采用的坐标系,属地心空间直角坐标系。WGS84 大地坐标系的几何定义是:原点位于地球质心;Z 轴指向国际时间局 BIH 1984.0 定义的协议地球极(CTP)方向;X 轴指向 BIH 1984.0 的零子午面和 CTP 赤道的交点;Y 轴与 Z、X 轴构成右手坐标系。

WGS84 世界大地坐标系所采用的椭球参数为:

长半轴 $a/(\mathrm{m})=6\ 378\ 137$

地心引力常数 $GM/(\mathrm{m}^3/\mathrm{s}^2)=3.986\ 004\ 418\times10^{14}$

自转角速度 $\omega/(\mathrm{rad}/\mathrm{s})=7.292\ 115\times10^{-5}$

扁率 $f=1/298.257\ 223\ 563$

(4)2000 国家大地坐标系

2000 国家大地坐标系(CGCS2000)是我国于 2008 年 7 月 1 日开始实施的最新的坐标系统,其大地坐标系的原点为包括海洋和大气的整个地球的质量中心。Z 轴由原点指向历元 2000.0 的地球参考极的方向,该历元的指向由国际时间局给定的历元为 1984.0 的初始指向推算,定向的时间演化保证相对于地壳不产生残余的全球旋转,X 轴由原点指向格林尼治参考子午线与地球赤道面(历元 2000.0)的交点,Y 轴与 Z 轴、X 轴构成右手正交坐标系。

2000 国家大地坐标系所采用的椭球参数为:

长半轴 $a/(\mathrm{m})=6\ 378\ 137$

地心引力常数 $GM/(\mathrm{m}^3/\mathrm{s}^2)=3.986\ 004\ 418\times10^{14}$

自转角速度 $\omega/(\mathrm{rad}/\mathrm{s})=7.292\ 115\times10^{-5}$

扁率 $f=1/298.257\ 222\ 101$

该大地坐标系相比于我国以前使用的坐标系统有以下优点:

①2000 国家大地坐标系具有比现行大地坐标框架更高的精度。

②2000 国家大地坐标系涵盖了包括海洋国土在内的全部国土范围。

③2000 国家大地坐标系是一个三维的大地测量基准,有利于对空间物体的位置描述和表达。

④2000 国家大地坐标系是一个动态的大地测量基准,具有时间特征。

⑤2000 国家大地坐标系是一个地心坐标系，它可以更好地阐明地球上各种地理和物理现象。

⑥2000 国家大地坐标系采用的椭球参数及物理参数与国际上公认的数据一致，与国际接轨，有利于国际科研合作及科研成果共享。

2.4 坐标转换基本方法

常见的坐标系转换类型有两种，分别为相同基准坐标转换和不同基准坐标转换。相同基准转换是指大地坐标与空间直角坐标以及高斯平面坐标之间的转换。不同基准转换是指在不同的参考基准间进行变换。在这里所说的基准，是指为描述空间位置而定义的点、线、面。在大地测量中，基准是用以描述地球形状的参考椭球的参数。具体坐标转换可通过坐标转换软件实现，例如 coord3.0。以下将结合该软件的应用实例进行坐标转换的介绍。

(1)相同基准坐标转换

1)空间大地坐标系(B,L,H)转换为空间直角坐标系(X,Y,Z)，转化方法为：

$$\begin{bmatrix} X \\ Y \\ Z \end{bmatrix} = \begin{bmatrix} (N+H)\cos B\cos L \\ (N+H)\cos B\sin L \\ [N(1-e^2)+H]\sin B \end{bmatrix} \tag{2-4}$$

a 为长半轴，b 为短半轴，f 为扁率，e^2 为第一偏心率平方，N 为卯酉圈曲率半径，则 e^2、N 计算公式如下：

$$e^2 = \frac{a^2-b^2}{a^2} = 2f-f^2 \tag{2-5}$$

$$N = \frac{a}{\sqrt{1-e^2\sin^2 B}} \tag{2-6}$$

2)空间直角坐标系(X,Y,Z)转换为空间大地坐标系(B,L,H)

当已知(X,Y,Z)反求(B,L,H)时，可以采用迭代法实现，计算公式如下：

$$\begin{bmatrix} B \\ L \\ H \end{bmatrix} = \begin{bmatrix} \arctan\dfrac{Z(N+H)}{\sqrt{X^2+Y^2[N(1-e^2)+H]}} \\ \arctan\dfrac{Y}{X} \\ \dfrac{\sqrt{X^2+Y^2}}{\cos B}-N \end{bmatrix} \tag{2-7}$$

上式中，大地经度 L 可根据 Y、X 直接计算；大地纬度 B 和大地高 H 需经过迭代求得其值，迭代初值设为：

$$\left.\begin{aligned} N_0 &= a \\ B_0 &= \arctan\frac{Z(N+H)}{\sqrt{X^2+Y^2[N(1-e^2)+H]}} \\ H_0 &= \sqrt{X^2+Y^2+Z^2}-\sqrt{ab} \end{aligned}\right\} \tag{2-8}$$

然后，每次迭代按下述公式进行：

$$\left.\begin{aligned} N_i &= \frac{a}{\sqrt{1-e^2\sin^2 B_{i-1}}} \\ B_i &= \arctan\frac{Z(N_i+H_i)}{\sqrt{X^2+Y^2[N_i(1-e^2)+H_i]}} \\ H_i &= \frac{\sqrt{X^2+Y^2}}{\cos B_{i-1}} - N_i \end{aligned}\right\} \quad (2-9)$$

直到 $B_i - B_{i-1}$ 和 $H_i - H_{i-1}$ 小于某一精度所要求的限值,停止迭代。

实际计算表明,在保证 H 的计算精度为 0.001 m 和 B 的计算精度为 0.00001″的情况下,一般需要迭代四次左右。图 2.8 为使用 coord3.0 进行平面坐标转换为大地坐标的界面。

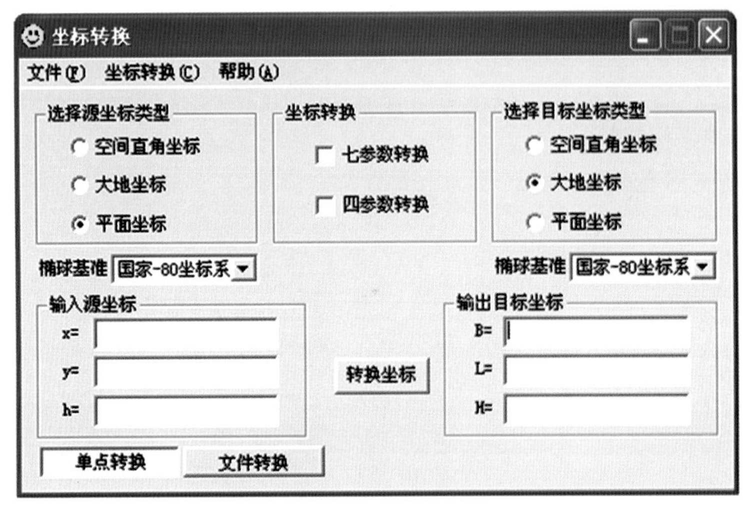

图 2.8　相同基准下平面坐标转换为大地坐标

3)大地坐标(B,L)转换为高斯平面坐标(x,y)

由点的大地坐标推算相应的高斯坐标的过程称为高斯投影正算。其计算公式可写为:

$$\begin{aligned} x &= X + \frac{1}{2}Nt\cos^2 Bl^2 + \frac{1}{24}Nt(5-t^2+9\eta^2+4\eta^2)\cos^4 Bl^4 + \\ &\quad \frac{1}{720}Nt(61-58t^2+t^4+270\eta^2-330\eta^2t^2)\cos^6 l^6 \\ y &= N\cos Bl + \frac{1}{6}N(1-t^2+\eta^2))\cos^3 Bl^3 + \\ &\quad \frac{1}{120}N(5-18t^2+t^4+14\eta^2-58\eta^2t^2)\cos^5 Bl^5 \end{aligned} \quad (2-10)$$

式中:B 为投影点的大地纬度;$l = \dfrac{L-L_0}{\rho}$ 是待算点相对于中央子午线(设其经度为 L_0)的经度差,以弧度为单位;$t = \tan B$;$\eta^2 = e'^2\cos^2 B$,e' 为地球第二偏心率。

当 $l = 0$ 时,X 为从赤道起算的子午线弧长,其计算公式为:

$$X = a = (1-e^2)(A_0B + A_2\sin 2B + A_4\sin 4B + A_6\sin 6B + A_8\sin 8B)$$

式中:$A_0 = 1 + \frac{3}{4}e^2 + \frac{45}{64}e^4 + \frac{350}{512}e^6 + \frac{11025}{16384}e^8$

$$A_2 = -\frac{1}{2}\left(\frac{3}{4}e^2 + \frac{60}{64}e^4 + \frac{525}{512}e^6 + \frac{17640}{16384}e^8\right)$$

$$A_4 = \frac{1}{4}\left(\frac{15}{64}e^4 + \frac{210}{512}e^6 + \frac{8820}{16384}e^8\right)$$

$$A_6 = -\frac{1}{6}\left(\frac{35}{512}e^6 + \frac{2520}{16384}e^8\right)$$

$$A_6 = \frac{1}{8}\left(\frac{315}{16384}e^8\right)$$

当 $l < 3.5°$ 时，公式(2－10)换算的精度为0.001 m。

4）高斯平面坐标(x,y)转换为大地坐标(B,L)

根据一点的高斯平面坐标计算该点在椭球面上的大地经纬度，称为高斯投影反算，其计算公式如下：

$$\begin{aligned} B &= B_f - \frac{t_f}{2M_fN_f} - y^2 + 24\frac{t_f}{24M_fN_f^3}(5 + 3t_f^2 + \eta_f^2 - 9t_f^2\eta_f^2)y^4 \\ &\quad - \frac{t_f}{720M_fN_f^5}(61 + 90t_f^2 + 45t_f^4)y^6 \\ l &= \frac{1}{N_f\cos B_f}y - \frac{1}{6N_f^3\cos B_f}(1 + 2t_f^2 + \eta_f^2)y^3 + \\ &\quad \frac{1}{120N_f^5\cos B_f}(5 + 28t_f^2 + 24t_f^4 + 6\eta_f^2 + 8t_f^2\eta_f^2)y^5 \\ L &= L_0 + l \end{aligned} \tag{2-11}$$

式中，B_f 为底点纬度，也就是当 $x = X$ 时的子午弧长所对应的纬度；凡是脚注“f”的，表明这些函数符号都是以 B_f 代入求得的。

底点纬度 B_f 可按下式计算：

$$B_f = B_0 + \sin 2B_0\{K_0 + \sin^2 B_0[K_2 + \sin^2 B_0(K_4 + K_6\sin^2 B_0)]\}$$

其中，

$$B_0 = \frac{X}{a(1 - e^2)A_0}$$

$$K_0 = \frac{1}{2}\left(\frac{3}{4}e^2 + \frac{45}{64}e^4 + \frac{350}{512}e^6 + \frac{11\ 025}{16\ 384}e^8\right)$$

$$K_2 = -\frac{1}{3}\left(\frac{63}{64}e^4 + \frac{1\ 108}{512}e^6 + \frac{58\ 239}{16\ 384}e^8\right)$$

$$K_4 = \frac{1}{3}\left(\frac{604}{512}e^6 + \frac{68\ 484}{16\ 384}e^8\right)$$

$$K_6 = -\frac{1}{3}\left(\frac{26\ 328}{16\ 384}e^8\right)$$

当 $l < 3.5°$ 时，按照公式(2－11)进行高斯反算的精度为0.0001″。

(2)不同基准坐标转换

1)不同空间直角坐标系之间的转换

测量坐标基准转换包括不同的参心坐标系之间的转换，不同地心坐标系之间的转换以及参心坐标系和地心坐标系之间的坐标转换，其实质是不同的空间直角坐标系之间的换算，转换的关键是确定转换的数学模型和转换参数。目前有多种转换数学模型,下面就最常见的布尔莎模型进行介绍。

两个空间直角坐标系分别为 O－XYZ 和 O′－X′Y′Z′,其坐标系原点不同则存在三个平移参数 $\Delta x,\Delta y,\Delta z$,他们表示 O′－X′Y′Z′坐标系原点 O 相对于 O－XYZ 坐标系原点 O 在三个坐标轴上的分量;又当各坐标轴相互不平行时,既存在三个旋转参数 $\varepsilon_{x},\varepsilon_{y},\varepsilon_{z}$ 。综合两个坐标系的平移、旋转及尺度参数,可得以下公式 :

$$\begin{bmatrix} X \\ Y \\ Z \end{bmatrix} = (1+K)\cdot\begin{bmatrix} 1 & \varepsilon_z & \varepsilon_y \\ -\varepsilon_x & 1 & \varepsilon_x \\ \varepsilon_y & -\varepsilon_x & 1 \end{bmatrix}\cdot\begin{bmatrix} X' \\ Y' \\ Z' \end{bmatrix}+\begin{bmatrix} \Delta x \\ \Delta y \\ \Delta z \end{bmatrix} \tag{2-12}$$

两个坐标系之间的转换关键就是要求高精度的布尔沙七参数,即平移参数 $\Delta x,\Delta y,\Delta z$,旋转参数 $\varepsilon_{x},\varepsilon_{y},\varepsilon_{z}$,尺度比 K。利用两套坐标系内不少于三个公共点坐标,采用最小二乘的方法即可求得此七参数。图 2.9 为使用 coord3.0 软件进行七参数计算的界面。

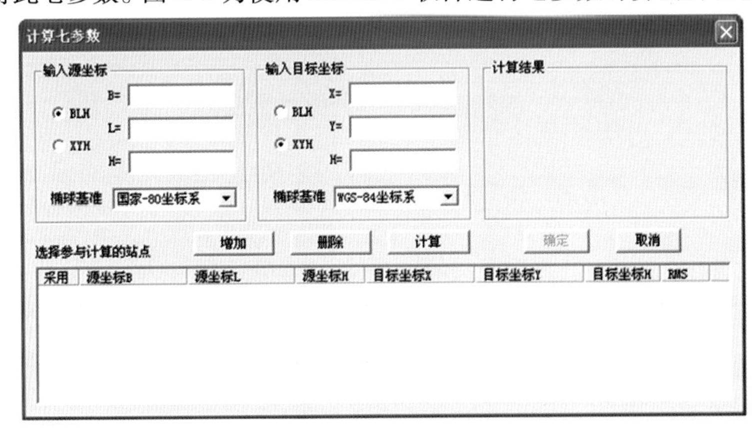

图 2.9 计算七参数

2)不同大地坐标系之间的转换

在不同大地坐标系之间转换时,通常采用间接的计算方法。其具体步骤如下:

①利用同一椭球下大地坐标与空间直角坐标的转换公式,将旧系下的大地坐标$(B,L,H)_{旧}$转换为旧系下的空间直角坐标$(X,Y,Z)_{旧}$;

②利用不同空间直角坐标系之间的七参数转换公式,将旧系下的空间直角坐标$(X,Y,Z)_{旧}$转换为新系下的空间直角坐标$(X,Y,Z)_{新}$;

③利用空间直角坐标系与大地坐标系之间的转换公式,将新系下的空间直角坐标$(X,Y,Z)_{新}$转换为新系下的大地坐标$(B,L,H)_{新}$。

间接转换法的思路清晰,公式简单,便于程序计算,但必须知道新、旧坐标系间的转换参数和椭球参数。图 2.10 和图 2.11 分别为 coord3.0 软件七参数的设置和不同大地坐标系之间的转换界面。

坐标系统转换参数

七参数法:

X 平移= 0

Y 平移= 0

Z 平移= 0

X 轴旋转= 000:00:00.000

Y轴旋转= 000:00:00.000

Z 轴旋转= 000:00:00.000

尺度= 0

确定　取消

图 2.10　设置转换参数

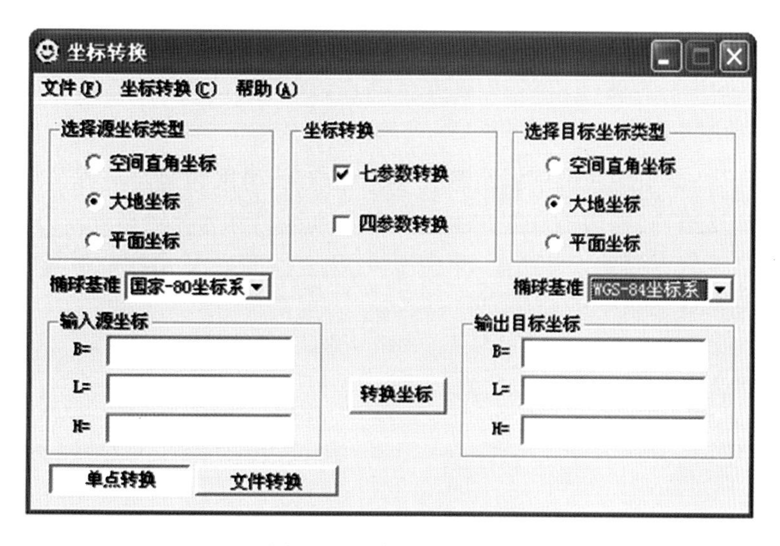

图 2.11　单点坐标转换

2.5　地面点高程

地面点到高度起算面的垂直距离称为高程。高度起算面又称高程基准面。选用不同性质的面作高程基准面可定义不同的高程系统。通常,是以大地水准面作为高程基准面,这样的高程系统称为正高系统。某点沿铅垂线方向到大地水准面的距离称为该点的绝对高程或海拔高程,简称高程或海拔,用 H 表示。如图 2.12 所示,地面点 A、B 两点的绝对高程分别为 H_A、H_B。但由于大地水准面无法精确确定,前苏联地球物理学家、测量学家莫洛琴斯基提出了似大地水准面的概念,其定义为:从地面点沿正常重力线按正常高相反方向量取到正常高端点所构成的曲面。似大地水准面与大地水准面十分接近,在海洋上两者完全重合,而在大陆上有微小的差异。而以似大地水准面为高程基准的高程系统称为正常高系统,它是我国目前普遍采用的高程系统。

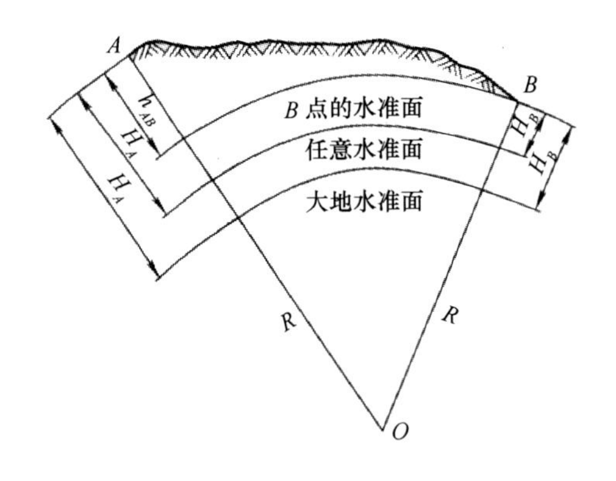

图 2.12　高程

新中国成立后我国在青岛建立了验潮站，根据 1950—1956 年的验潮资料推算的黄海平均海水面作为我国的高程起算面，由此推求的青岛国家水准原点高程为 72.289 m，该系统简称 1956 年黄海高程系。20 世纪 80 年代初，我国根据 1952—1979 年的验潮资料重新推算黄海平均海水面，获得国家水准原点的高程为 72.260 m，该系统称为 1985 年国家高程基准，于 1987 年 5 月开始启用。1985 年国家高程基准的高程值等于 1956 年黄海高程系的高程值减去 0.029 m。

在局部地区，如果引用我国国家高程基准有困难时，可采用假定高程系统。即假定一个水准面作为高程基准面，地面点至假定水准面的铅垂距离称为相对高程或假定高程。

两点高程之差称为高差。如图 2.12 中所示，H_A、H_B 为 A、B 点的绝对高程，H'_A、H'_B 为相对高程，h_{AB}为 A、B 两点间的高差，即

$$h_{AB} = H_B - H_A \tag{2-13}$$

两点之间的高差与高程起算面无关。

2.6　控制测量和碎部测量

对于地形复杂的区域，测绘地形图时，要在某一个测站上用仪器测绘该测区所有的地物和地貌难度很大。如图 2.13 所示，在 A 点设测站，只能测绘附近的地物和地貌，对于小山后面的部分以及较远的地区就观测不到。因此，需要在若干点上分别施测，最后才能拼接成一幅完整的地形图。图中 P、Q、R 为设计的房屋位置，需要在实地从 A、F 两点进行施工放样。因此，进行某一个测区的测量工作时，首先要用较严密的方法和较精密的仪器，测定分布在全区的少量控制点（图中 A，B，…，F）的坐标，作为测图或施工放样的框架和依据，以保证测区的整体精度，称为控制测量。然后在每个控制点上施测其周围的局部地形或放样需要施工的点位，称为碎部测量。

以上例子说明，为了保证精度要求先在测区范围内建立一系列控制点，精确测出这些点的位置，然后再分别根据这些控制点进行施测地物、地面的细部测量工作。这就是测量工作的基本原则，即从整体到局部，先控制后碎部。

（1）控制测量

在地面上按一定规范布设并进行测量而得到的一系列相互联系的控制点所构成的网状结构称为测量控制网，控制测量就是在一定区域内，为地形测图建立控制网所进行的测

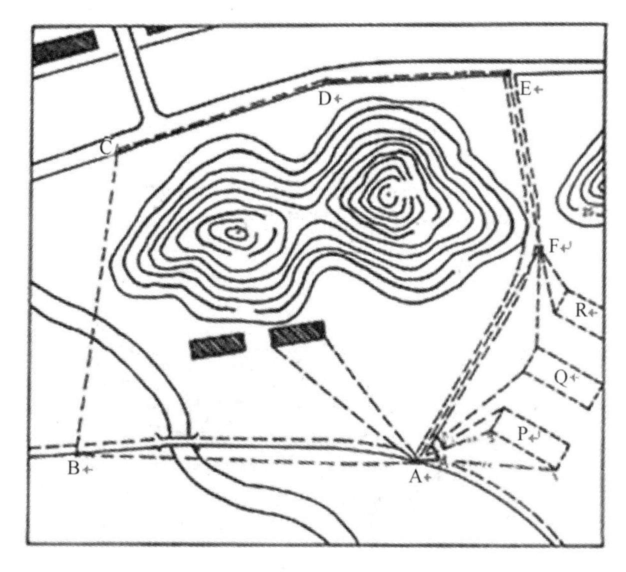

图 2.13　控制测量与碎部测量

量工作。

控制测量分为平面控制测量和高程控制测量。

平面控制网以连续的折线构成多边形格网，称为导线网，如图 2.14(a)所示，其转折点称为导线点，两点间的连线称为导线边，相邻两边间的水平夹角称为导线转折角，导线测量时测定这些转折角和边长，以计算导线点的平面直角坐标。平面控制网如以连续的三角网构成，称为三角网或三边网，如图 2.14(b)所示，前者测量三角形的角度，后者测量三角形的边长，以计算三角形顶点(三角点)的坐标。如果对边、角都进行观测，则称为边角网。

高程控制网为由一系列水准点构成的水准网，用水准测量或三角高程测量测定水准点间的高差，以计算水准点的高程。

使用全球卫星定位系统(GPS)建立的测量控制网称为全球卫星定位系统控制网，简称 GPS 控制网或 GPS 网。GPS 可以同时测定控制点的平面坐标和高程，是控制测量的发展方向。其布网形式与导线网和三角网大致相同。

(2)碎部测量

在控制测量的基础上进行碎部测量，以测绘地形图或进行建筑物的放样。例如，图 2.15 所示为地物碎部测量。图中 A、B、C 为已知坐标和高程的控制点，1、2、3 为待测定其点位的

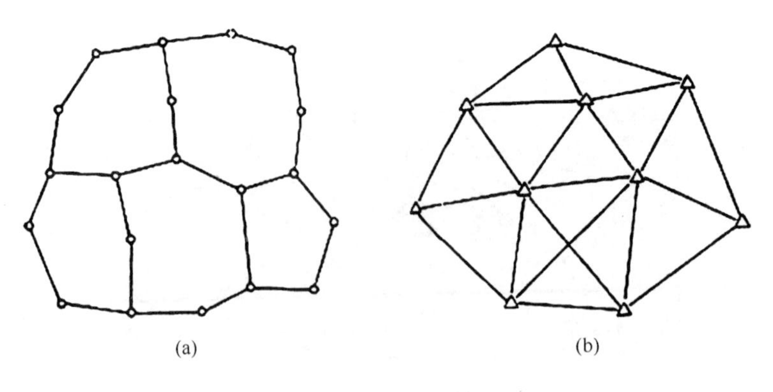

图 2.14　平面控制网

房角点(碎部点)。首先,在 A 点架设测量仪器,瞄准 B 点,按 AB 的坐标方位角将其度盘定向。然后,转动仪器瞄准 1、2、3 点,测定 A 点至这些点的坐标方位角、垂直角和距离,然后计算这些点的平面坐标和高程。最后,用这些数据绘制成图。在无居民海岛使用测量中,建议使用全站仪或 GPS 测定碎部点的平面坐标和高程。

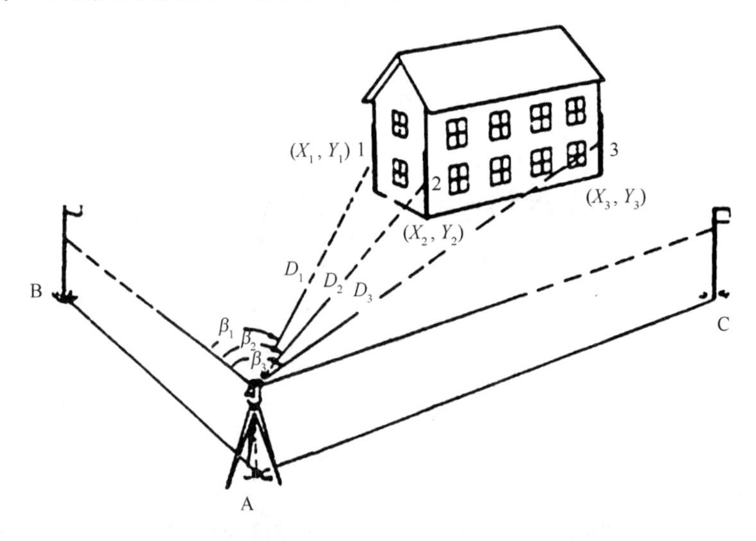

图 2.15　地物碎部测量

2.7　用水平面代替水准面的限度

采用高斯平面直角坐标来表示地面上某点的位置时,需要通过比较复杂的投影计算才能求得该地面点在高斯投影平面上的坐标值,一般都用于大面积的测区。假如测量区域较小时能否将曲面按照平面对待,即以水平面代替水准面,以简化计算和绘图工作。下面分析用水平面代替水准面对距离和高差测量值的影响,以便限制用水平面代替水准面的范围。

(1)地球曲率对水平距离测量的影响

如图 2.16 所示,设地面上有 A' 、B' 两点,它们投影到球面的位置为 A、B,如果用水平面替代水准面,则这两点在水平面上的投影为 A、C,则以水平距离(AC)替代球面上的距离 AB

带来的误差为：

$$\Delta d = t - d = Rtg\alpha - R\alpha \qquad (2-14)$$

式中：R——地球半径(6 371 km)；

　　α——AB 圆弧对应的圆心角。

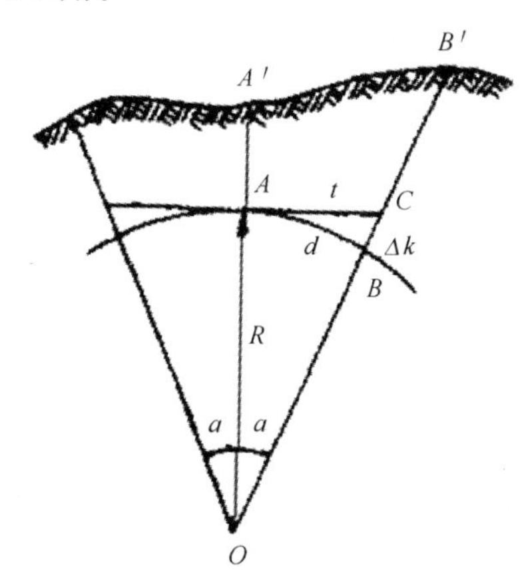

图 2. 16　用水平面代替水准面示意图

将 $tg\alpha$ 按泰勒级数展开，取前两项，并代入(2-14)式得：

$$\Delta d = R\alpha + R\alpha^3/3 - R\alpha = R\alpha^3/3 \qquad (2-15)$$

而 $\alpha = d/R$，代入(2-15)式得出：

$$\Delta d = d^3/3R^2 \qquad (2-16)$$

以不同的 d 值代入(2-16)算得相应的 Δd 与 $\Delta d/d$ 值列入表 2.1 中，由表中的数据可以看出，不同距离时用水平面代替水准面对水平距离带来的影响。当水平距离 $d \leqslant 10$ km 时，$\Delta d/d \leqslant 1/120$ 万。目前所采用的所有测量手段都达不到这一精度，因此可以得出，在半径为 10 km 范围内，用水平面代替水准面对水平距离的影响可以忽略。即可把半径为 10 km 范围内的水准面近似看作水平面。

表 2. 1　地球曲率对水平距离和高程测量的影响

距离 d	距离误差 Δd (mm)	距离相对误差 $\Delta d/d$	高程误差 Δh(mm)	距离 d	距离误差 Δd (mm)	距离相对误差 $\Delta d/d$	高程误差 Δh(mm)
100 m	0. 000 008	1/1 250 000 万	0. 8	10 km	8. 2	1/120 万	7 850
1 km	0. 008	1/12 500 万	78. 5	25 km	128. 3	1/19. 5 万	49 050. 0

(2)地球曲率对高程测量的影响

在图 2. 16 中，A、B 两点在同一水准面内，其高程相等。但是，如果用水平面替代水准面，则 B' 投影到水平面上的投影为 C 点，这时，在高程方向上所产生的误差为 Δh，由图中可见，$\angle CAB = \alpha/2$，且 α 很小，则：

$$\Delta h = d \cdot a/2 \qquad (2-17)$$

而 $\alpha = d/R$

则

$$\Delta h = d^2/2R \qquad (2-18)$$

以不同的距离 d 代入(2-18)式得出 Δh 相应的数据如表 2.1 所示。由计算结果可见，

当水平距离 $d=100$ m 时，对应距离对高差的影响接近于 1 mm，直观判断时可得出结论认为，即使水平距离很短，曲率对高差的影响也不可忽视。但是，水准测量过程中通常让前、后视距离大致相等，则地球曲率对前、后视读数的影响大致相等，因此对高差的影响近似为0。

综上所述，在半径为 10 km 范围内，进行水平距离测量，可以不考虑地球曲率的影响。但地球曲率对高程的影响不能忽视。

2.8 测量误差

2.8.1 测量误差的概念

测量工作任务，概括地讲，是确定待定点之间的空间相对关系；具体地说，是通过测定两点之间的长度、方位、高差等要素（统称为观测值），然后利用这些相互之间有联系的观测值，确定某一点位在给定的参照系中的位置。观测值的正确值理论上是客观存在的，在测量学中称为真值，但实际上由于观测条件不可能完美无缺，所以真值是不可能测量到的。若设某观测量的真值以 X 表示，观测值为 L，则称 Δ 为观测误差。

$$\Delta = X - L \tag{2-19}$$

由于 Δ 是误差的真值，又称真误差。显然，X 是不可知的，从而 Δ 也是不可知的。

测量上使用精度的概念来衡量观测质量的高低，因此，观测误差大称为观测值精度低；反之，观测误差小，称为观测值精度高。

2.8.2 测量误差产生的原因

如上所述，由于观测条件不可能完美无缺，产生观测误差的因素有以下三个方面。

(1) 观测者的因素

观测者受其感觉器官辨别能力的局限，在观测过程的仪器对中、整平、照准、读数等各个环节都会产生误差，并且由于观测者技术水平的差异，会对观测成果造成不同程度的误差。

(2) 测量设备的因素

测量设备质量的优劣也会对测量成果产生不同的影响，其他条件相同的情况下，高质量的观测仪器会产生较小的观测误差，反之会产生较大的观测误差。

(3) 观测环境的因素

测量观测工作是在野外进行的，外界的观测环境会对观测值质量产生不容忽视的影响。气温急剧变化时，会使得观测目标成像跳动；光线昏暗时，会使目标成像不清晰，这都会造成照准误差。另外，观测时视线通过密度不等的空气时，会由于大气折光使光线不再是直线，事实上也造成照准误差。

2.8.3 测量误差的分类

测量误差按性质可分为三类：一类为系统误差，一类为偶然误差，此外，还有属于错误性质的“粗差”。

(1)系统误差

若观测过程中,观测误差在符号或大小上表现出一定的规律性,在相同观测条件下,该规律保持不变或变化可预测,则称具有这种性质的误差为系统误差。

系统误差是由于仪器构造不完善、观测环境不理想等有规律的因素造成的。系统误差对测值的影响所具有的正负符号、大小上的规律性,使其一般不能通过多次观测简单地取平均值加以削弱,其对观测值的影响通常具有积累的作用,对成果质量危害特别显著。因此,测量作业时必须采取相应的处理措施将其消除,或削弱到可以忽略不计的程度。实践中的做法主要有两类:①模型改正法:根据这些误差的规律性,建立数学模型计算对其观测值的改正量,如对丈量的距离观测值加尺长改正数,消除钢尺标称长度与实际不符对距离测量的影响;计算折光改正数削弱大气折光对距离测量的影响等。②观测程序法:利用一定的观测程序来消除、减弱系统误差的影响。例如,角度测量时,盘左、盘右分别测定上下半测回取中数。

(2)偶然误差

在相同的观测条件下,对某量进行一系列观测,若误差出现的正负符号和大小均不一定,这种误差称为偶然误差。例如,用全站仪测量时的照准误差、测距时在刻度尺上读数时的估读误差等。对于单个偶然误差,观测前我们不能预知其出现的正负符号和大小,但就大量偶然误差总体来看,则具有一定的统计规律,而且随着观测次数的增加,偶然误差的统计规律愈明显。

由表2.2可以看出,偶然误差具有如下统计特性:

1)在一定的观测条件下,偶然误差绝对值有一定的限值。

2)绝对值较小的误差比绝对值大的误差出现的机会多。

3)绝对值相等的正、负误差出现的机会相同。

4)在相同条件下,对任何一个量进行重复观测,当观测次数增加到无限多的时候,偶然误差的算术平均值趋近于零,即:

$$\lim_{n\to\infty}\frac{[\Delta]}{n}=0 \tag{2-20}$$

式中 $[\Delta]=\Delta_1+\Delta_2+\cdots+\Delta_n$。

第一个特性说明偶然误差出现的范围;第二个特性是偶然误差绝对值大小的规律;第三个特性是误差符号出现;第四个特性可由第三个特性导出,它说明偶然误差具备抵偿性。

表2.2 偶然误差的统计表

误差所在区间	正误差个数	负误差个数	总数
0.0″ ~ 0.2″	46	45	91
0.2″ ~ 0.4″	41	40	81
0.4″ ~ 0.6″	33	33	66
0.6″ ~ 0.8″	21	23	44
0.8″ ~ 1.0″	16	17	33
1.0″ ~ 1.2″	13	13	26
1.2″ ~ 1.4″	5	6	11
1.4″ ~ 1.6″	2	4	6
1.6″以上	0	0	0
	177	181	358

(3) 粗差

粗差是指一定观测条件下，超出正常范围的误差值。粗差理论上应归于错误一类，如读数、输入数据、照准目标错误等人为因素影响，或因测量设备出现故障而造成。

2.8.4 测量误差的处理原则

在三类观测误差中，粗差属于错误，理论上是完全可以避免的。在测量工作中，为了发现和剔除含错误的观测值，总是采用有一定多余观测数的观测程序，有了多余观测值，就能检核发现粗差。

在观测过程中，系统误差和偶然误差总是同时产生的。当观测结果中有明显的系统误差时，偶然误差就处于次要地位，观测误差就呈现出"系统性"；反之，当观测结果中系统误差居次要地位时，观测误差就呈现"偶然性"。如前所述，偶然误差不可避免，而系统误差由于具有明显的规律性，所以总是可以利用其规律采取各种办法消除或削弱，使其相对于偶然误差而言，处于次要地位，以至于可以认为观测值中只含偶然误差。

2.8.5 评定观测值精度的标准

为了衡量测量结果的精度，必须有统一的衡量精度的标准，才能进行比较鉴别。

(1) 中误差

在一定的观测条件下，观测值 l 与其真值 X 之差称为真误差 Δ，即

$$\Delta_i = l_i - X \ (i = 1,2,\cdots,n) \tag{2-21}$$

这些独立误差平方和的平均值的极限称为中误差的平方，即

$$m^2 = \lim_{n\to\infty} \frac{[\Delta\Delta]}{n} \tag{2-22}$$

式中，n 为 Δ 的个数。

公式(2-22)是理论上的数值，实际测量中观测次数不可能无限多，因此在实际应用中取以下公式

$$m = \pm\sqrt{\frac{[\Delta\Delta]}{n}} \tag{2-23}$$

公式(2-23)说明，中误差代表一组同精度观测误差的几何平均值，中误差愈小表示该组观测值中绝对值小的误差愈多。

(2) 容许误差

容许误差又称极限误差。根据误差理论及实践证明，在大量同精度观测的一组误差中，绝对值大于2倍中误差的偶然误差，其出现的可能性约为5%；大于3倍中误差的偶然误差，其出现的可能性仅有0.3%，且认为是不大可能出现的。

因此一般取3倍中误差作为偶然误差极限误差。

$$\Delta_{容} = 3m \tag{2-24}$$

有时对精度要求较严，也可采用 $\Delta_{容} = 2m$ 作为容许误差。

(3) 相对误差

在某些测量工作中，有时用中误差还不能完全反映测量精度，例如测量某两段距离，一段长100 m，另一段长1 000 m，它们的中误差均为 ±0.1m，但因量距误差与长度有关，则不

能认为两者的精度一样。为此用观测值的小误差与观测值之比,并将其分子化为1,即用l/K形式表示,称为相对误差。本例前者为 $\frac{0.1}{100}=\frac{1}{1\ 000}$,后者为 $\frac{0.1}{1\ 000}=\frac{1}{10\ 000}$,可见后者的精度高于前者。

(4)误差传播定律

以上介绍了相同观测条件下的观测量,以真误差来评定观测值的精度问题,但在实际工作中,有些量往往不能直接测得,而是由其他观测量通过相关的函数关系间接计算出来的,例如坐标正算是通过距离和方位角来计算的等等。这样,它们就构成函数关系:

$$Z=f(x_1,x_2,\cdots,x_n) \tag{2-25}$$

式中 x_i $(i=1,2,\cdots,n)$ 为独立观测值,已知其中误差为 m_i $(i=1,2,\cdots,n)$,试求观测值函数的中误差 m_z。当 x_i 的观测值 l_i 分别具有真误差 Δx_i 时,则函数随之产生相应的真误差 Δz。由数学分析可知,变量的误差与函数的误差之间的关系,可近似的用函数的全微分表示如下:

$$d_z=\frac{\partial f}{\partial x_1}\mathrm{d}x_1+\frac{\partial f}{\partial x_2}\mathrm{d}x_2+\cdots+\frac{\partial f}{\partial x_n}\mathrm{d}x_n \tag{2-26}$$

因误差 Δx_i 及 Δz 均很小,用误差 Δx_i 及 Δz 代以微分 $\mathrm{d}x_i$,$\mathrm{d}z$ 于是有

$$\Delta z=\frac{\partial f}{\partial x_1}\Delta x_1+\frac{\partial f}{\partial x_2}\Delta x_2+\cdots+\frac{\partial f}{\partial x_n}\Delta x_n \tag{2-27}$$

上式中 $\frac{\partial f}{\partial x_i}$ 是函数对各变量 x_i 取的偏导数。对它进行进一步分析,并根据偶然误差的抵偿特性和中误差定义,可得出下式

$$m_z^2=\left(\frac{\partial f}{\partial x_1}\right)^2 m_{x_1}^2+\left(\frac{\partial f}{\partial x_2}\right)^2 m_{x_2}^2+\cdots+\left(\frac{\partial f}{\partial x_n}\right)^2 m_{x_n}^2 \tag{2-28}$$

公式(2-28)就是按观测值中误差计算观测值函数中误差的公式,即为误差传播定律。表2.3列出了按式(2-28)导出的误差传播定律的几个主要关系式。

表2.3 误差传播定律主要公式

函数名称	函数式	函数中的误差
一般函数	$z=f(x_1,x_2,\cdots,x_n)$	$m_z=\pm\sqrt{\left(\frac{\partial f}{\partial x_1}\right)^2 m_1^2+\left(\frac{\partial f}{\partial x_2}\right)^2 m_2^2+\cdots+\left(\frac{\partial f}{\partial x_n}\right)^2 m_n^2}$
和差函数	$z=x_1\pm x_2\pm\cdots\pm x_n$	$m_z=\pm\sqrt{m_1^2+m_2^2+\cdots+m_n^2}$
倍数函数	$z=kx$	$m_z=km_n$
线性函数	$z=k_1x_1+k_2x_2+\cdots+k_nx_n$	$m_z=\pm\sqrt{k_1^2m_1^2+k_2^2m_2^2+\cdots+k_n^2m_n^2}$

应用误差传播定律求观测值函数中误差 m_z 的步骤为:

1)按问题性质先列出函数式

$$Z=f(x_1,x_2,\cdots,x_n) \tag{2-29}$$

2)对函数式进行全微分,得出函数真误差与观测值真误差之间的关系式

$$\Delta z=\left(\frac{\partial f}{\partial x_1}\right)\Delta x_1+\left(\frac{\partial f}{\partial x_2}\right)\Delta x_2+\cdots+\left(\frac{\partial f}{\partial x_n}\right)\Delta x_n \tag{2-30}$$

3)然后代人误差传播定律公式,计算函数的中误差

$$m_z^2 = \left(\frac{\partial f}{\partial x_1}\right)^2 m_{x_1}^2 + \left(\frac{\partial f}{\partial x_2}\right)^2 m_{x_2}^2 + \cdots + \left(\frac{\partial f}{\partial x_n}\right)^2 m_{x_n}^2 \tag{2-31}$$

(5)等精度直接平差

1)求最或然值

设对某一量进行等精度的直接观测,观测值为 l_1 , l_2 ,…, l_n ,观测值的改正数为 v_i ,未知量的最或然值为 x,则根据最小二乘法原理推导得,观测值 l 的算术平均值就是未知量的最或然值 x,它被认为是最接近于该量真值,即

$$x = \frac{[l]}{n} \tag{2-32}$$

2)精度评定

①观测值中误差

由前可知,在已知真误差 Δ 的情况下,同精度观测值中误差为

$$m = \pm\sqrt{\frac{[\Delta\Delta]}{n}} \tag{2-33}$$

但是,未知量的真值往往无法知道,因此真误差 Δ 也无法求得,为此,又推导出用改正数 v_i 计算观测值中误差的实用公式为

$$m = \pm\sqrt{\frac{[vv]}{n-1}} \tag{2-34}$$

式中 n 为观测个数。

②算术平均值中误差

已知未知量的算术平均应公式为

$$x = \frac{[l]}{n} = \frac{1}{n}l_1 + \frac{1}{n}l_2 + \cdots + \frac{1}{n}l_n \tag{2-35}$$

按误差传播定律可得

$$m_x = \pm\frac{m}{\sqrt{n}} \tag{2-36}$$

(2-36)式即为算术平均值中误差 m_x 的计算公式。

第3章　无居民海岛使用测量基本要求

掌握无居民海岛使用测量的基本要求和特殊性,是开展无居民海岛使用测量工作的前提和基础。本章根据《无居民海岛使用测量规范》的要求,介绍界址点测量、用岛面积和用岛区块面积量算、建筑物和设施测量等技术要求和注意事项,以及测量成果编制的具体要求。

3.1　界址点测量

界址点测量是无居民海岛使用测量最基础的工作。在开展界址点测量之前,需要明确界址点选取的基本要求。

3.1.1　界址点选取

用岛范围及其内部用岛区块边界自然形态明显转变的拐点都应作为界址点,即界址点包括两部分:用岛范围顶点和用岛区块顶点。

3.1.1.1　用岛范围界定及顶点选取

(1)用岛范围界定

无居民海岛使用申请过程中,无居民海岛经批准开发利用后,用岛范围界定的要求是不同的。

用岛申请过程中,用岛范围以规划使用的范围为界,其中有含有精确坐标规划图的,可以通过规划图确定规划使用范围;没有含有精确坐标规划图的,应通过无居民海岛申请单位或个人现场指认边界并进行实测确定规划使用范围。

无居民海岛经批准开发利用后,用岛范围即为实际使用范围。

(2)顶点选取原则

单位和个人申请无居民海岛使用权,可以申请整岛的使用权,也可以申请海岛局部区域的使用权。也就是说,无居民海岛使用可以是整岛利用,也可以是局部利用,主要根据使用单位或个人的需求来决定。

若无居民海岛为整岛利用,应将海岛海岸线作为界址线,其界址点的选择要有代表性,尽可能能体现海岛轮廓。若无居民海岛为部分利用,用岛范围涉及海岛海岸线的部分,应将该段海岸线作为界址线,该海岸线两端点必须为界址点,位于该海岸线上的界址点要求能体现该段海岸线轮廓;未涉及海岛海岸线的部分,界址点应尽可能反映用岛范围边界的自然形态。

海岛海岸线是指多年平均大潮高潮线,可通过现场实测获取或在已有测量成果中提取。无论采用哪种方式获取海岸线数据,都应满足界址点测量精度和数字高程模型构建(见3.2.2)的要求。

3.1.1.2 用岛区块划分和顶点选取

(1)用岛区块划分要求

根据国家海洋局印发的《无居民海岛保护和利用指导意见》,用岛区块划分总的原则是:以工程设计标准和行业规划编制规范为主要依据,保持区块的相对完整性和避免区块重叠。各类型用岛区块划分的具体方法如下:

1)填海连岛用岛区块

填海连岛用岛区块范围包括被连接海岛的整岛区域。

2)土石开采用岛区块

土石开采用岛区块范围应包括实际开采区和外延缓冲区,缓冲区应根据周边地质条件确定安全距离,最低不少于5m。缓冲区不得进行开采,并应设置必要的安全防护设施。

3)房屋建设用岛区块

房屋建设用岛区块范围包括实际建筑物用岛区域、建筑物外缘的绿地和道路等必要的附属设施用岛区域,这些区域应作为整体予以认定,不得拆分。

4)仓储建筑用岛区块

仓储建筑用岛区块范围包括仓储设施(库房、堆场和包装加工车间等)用岛区域和附属设施(内部道路、绿地等)用岛区域,这些区域应作为整体予以认定,不得拆分。

5)港口码头用岛区块

港口码头用岛区块范围包括码头及其相应设施用岛区域,这些区域应作为整体予以认定,不得拆分。

6)工业建设用岛区块

工业建设用岛区块范围包括工业生产及配套设施(内部道路、绿地、供电、给排水等)用岛区域,上述区域应作为整体予以认定,不得拆分。

7)道路广场用岛区块

道路广场用岛区块范围包括道路、公路、铁路、桥梁、广场、机场等设施用岛区域。

8)基础设施用岛区块

基础设施用岛区块范围为除交通设施以外的用于生产生活的基础设施用岛区域。

9)景观建筑用岛区块

景观建筑用岛区块范围包括亭、塔、雕塑等人造景观建筑及其附属设施(内部道路、绿地、座椅等)用岛区域。

10)游览设施用岛区块

游览设施用岛区块范围包括索道、观光塔台、游乐场等设施(悬空设施用岛范围为最外缘投影线围城区域的范围)及外延缓冲区域(宽度以游览安全为原则确定)。

11)观光旅游用岛区块

观光旅游用岛区块划分以设计范围为依据。

12)园林草地用岛区块

园林草地用岛区块范围包括园林、草地及其附属设施(便道、小道、喷灌等)用岛区域。

13)人工水域用岛区块

人工水域用岛区块范围包括水渠、水塘、水库、人工湖(河)等及附属设施(桥梁等)用岛区域。

14）种养殖业用岛区块

种养殖业用岛区块范围包括种养殖区及配套设施用岛区域。

15）林业用岛区块

林业用岛区块范围包括种植、培育林木及必要的配套设施（不包括产品加工车间、厂房、大规模房屋建筑等）用岛区域。

（2）用岛区块顶点选取原则

用岛区块涉及海岛海岸线的，应将该段海岸线作为界址线，该海岸线两端点必须为界址点，位于该海岸线上的界址点要求能体现该段海岸线轮廓。用岛区块未涉及海岛海岸线的，界址点应尽可能反映用岛区块边界的自然形态。

3.1.1.3　界址点测量现场指认与界标设置

对于整岛使用无居民海岛的，海岛整体均属于某个申请单位或个人，不会存在权属或界址纠纷。对于局部使用无居民海岛的，为了避免无居民海岛使用权界址产生争议，界址点测量时，除海岛海岸线部分，所有用岛范围顶点须经用岛审批部门和用岛申请人现场确认后再进行施测。对于经过确认的用岛范围顶点坐标，需要设置混凝土或钢质界桩以备核实。界桩的样式和尺寸，承担测量任务的单位可参考地籍测量等有关规范自行选取。

3.1.2　测量基准

3.1.2.1　坐标系统

无居民海岛使用测量要求采用2000国家大地坐标系。

目前在海洋测绘方面主要使用GPS测量手段进行测量，其获得的测量坐标为WGS84坐标系下的坐标，同时在实际应用中，已有控制点成果和图件基本上是1980西安坐标系和1954年北京坐标系成果。在无居民海岛使用测量中，应将坐标统一转换到2000国家坐标系下。因坐标转换需要进行控制点测量的，应采用GPS测量控制点，具体方法可参见5.7。

3.1.2.2　高程基准

通常情况下，无居民海岛使用测量是以二维坐标表示的，同时计算海岛自然表面形态面积时，是基于已有的、符合规范要求的DEM数据，因此无居民海岛使用测量一般不必测量高程。但对于无符合要求的DEM数据或某些有特殊规定要求的需测绘一定密度的高程注记点，应该尽量采用1985国家高程基准，但如果引测1985国家高程基准有困难的，施测单位可自行选择高程基准，并注明高程基准名称。高程测量的方法可采用三角高程测量或GPS高程测量。三角高程测量参见4.2.3，GPS高程测量参见5.6。

3.1.3　测量精度

无居民海岛使用测量中，要求界址点坐标的点位中误差不超过±0.5 m。测量限差取两倍中误差，即±1m。

3.1.4　测量方法及常用的仪器

界址点的测量方法一般采用GPS定位法、解析交会法和极坐标定位法进行施测。采用的仪器一般有GPS接收机、全站仪等。选用的测量仪器的性能指标应满足测量精度的要求，并应经过计量检定或校准。本部分重点介绍解析交会法和极坐标定位法，而全站仪、GPS 等仪器的具体使用将在第 4 章、第 5 章中介绍。

3.1.4.1 解析交会法

解析交会法有前方交会法、后方交会法、侧边交会法，下面分别进行介绍。

(1) 前方交会法

前方交会法是指在已知的控制点上进行角度测量，通过计算求得待定点的坐标值。

如图 3.1 所示，A、B 为已知点，P 点位待测点，将观测仪器安置在 A 点与 B 点上，分别测得边 AP 与 AB 的夹角及边 BP 与 BA 的夹角。

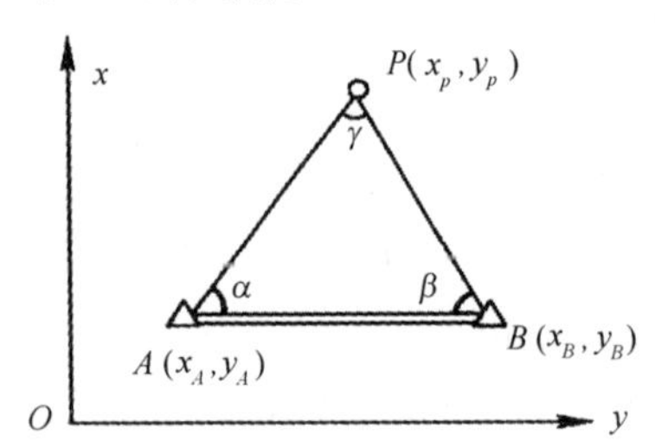

图 3.1　前方交会法原理

则根据已知点 A、B 的坐标及所测的角度，经下式可计算待定点 P 的坐标。

$$\left.\begin{aligned} x_P &= \frac{x_A\cos\beta + x_B\cot\alpha - y_A + y_B}{\cos\alpha + \cot\beta} \\ y_P &= \frac{y_A\cot\beta + y_B\cot\alpha + x_A - x_B}{\cot\alpha + \cot\beta} \end{aligned}\right\} \tag{3-1}$$

为了避免错误并提高待定点的精度，一般测量中都要求布设有三个已知点的前方交会。此时，可分两组利用余切公式计算 P 点坐标。若两组坐标的较差在允许限差内，则取两组坐标的平均值作为 P 点的最后坐标。

由未知点至两相邻已知点方向间的夹角称为交会角。交会角过小或过大都会影响 P 点位置精度。前方交会测量中，要求交会角一般大于 30°并小于 150°。

(2) 后方交会法

后方交会法是在待定点 P 观测三个已知点的水平方向值 R_a、R_b、R_c（用以计算夹角 α，β，γ），以计算待定点 P 的坐标（图 3.2）。

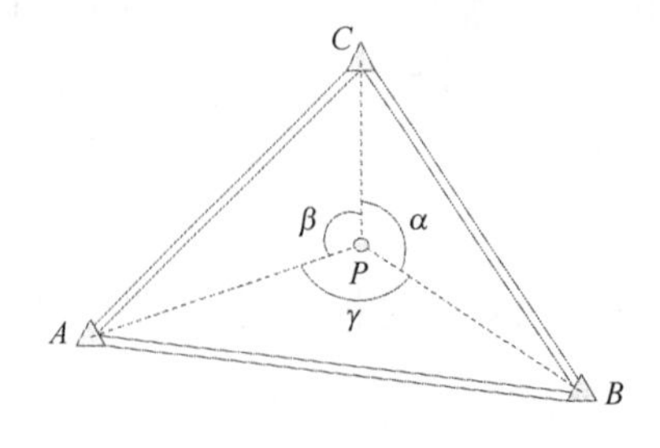

图 3.2　后方交会法原理

P 点坐标的计算公式为：

$$
\left.\begin{aligned}
x_P &= \frac{P_A x_A + P_B x_B + P_C x_C}{P_A + P_B + P_C} \\
y_P &= \frac{P_A y_A + P_B y_B + P_C y_C}{P_A + P_B + P_C}
\end{aligned}\right\} \tag{3-2}
$$

式中

$$
\begin{aligned}
P_A &= \frac{1}{\cot A - \cot \alpha} \\
P_B &= \frac{1}{\cot B - \cot \beta} \\
P_C &= \frac{1}{\cot C - \cot \gamma}
\end{aligned} \tag{3-3}
$$

为计算方便,采用以上公式计算后方交会点坐标时规定:已知点 A、B、C 按逆时针编号,$\angle A$、$\angle B$、$\angle C$ 为三个已知点构成的三角形的内角,其值由三条已知边的坐标方位角计算,在 P 点对 A、B、C 三点观测的水平方向值为 R_a、R_b、R_c,构成的三个水平角为 α,β,γ,则

$$
\begin{aligned}
\alpha &= R_c - R_b \\
\beta &= R_a - R_c \\
\gamma &= R_b - R_a
\end{aligned} \tag{3-4}
$$

实际作业时,为避免错误发生,通常是观测四个已知点,组成两组后方交会,分别计算 P 点的两组坐标值,求其较差。若较差在允许限差之内,即可取两组坐标的平均值作为 P 点的最后坐标。

应用后方交会需要特别注意的问题是危险圆。过三个已知点构成的圆称为危险圆。待定点 P 不能位于危险圆的圆周上,否则 P 点将不能唯一确定;若接近危险圆(待定点 P 至危险圆圆周的距离小于危险圆半径的五分之一),确定 P 点的可靠性将很低。因而,在野外选点和内业组成计算图形时,应尽量避免上述情况。

(3)侧边交会法

从待定点 P 向两个已知点 A、B 测量边长 PA 和 PB,以计算 P 点的坐标,称为侧边交会。测量时通常采用三边交会法。如图 3.3 所示,A、B、C 为已知点,P 为待定点,A、B、C 按逆时针排列,a、b、c 为边长观测值。

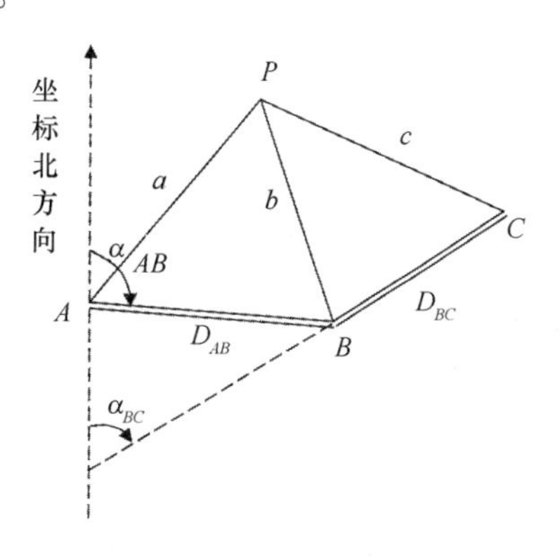

图 3.3 侧边交会法原理

由已知点反算边的坐标方位角和边长为 α_{AB}、α_{BC} 和 D_{AB}、D_{CB}。在 ΔABP 中,由余弦定理

得

$$\angle A = \arccos\left(\frac{D_{AB}^2 + a^2 + b^2}{2aD_{AB}}\right)$$

顾及到 $\alpha_{AP} = \alpha_{AB} - \angle A$,则

$$\begin{aligned} x'_P &= x_A + a\cos\alpha_{AP} \\ y'_P &= y_A + a\sin\alpha_{AP} \end{aligned} \tag{3-5}$$

同理,在 ΔBCP 中

$$\angle C = \arccos\left(\frac{D_{BC}^2 + c^2 - b^2}{2cD_{CB}}\right)$$

$$\alpha_{CP} = \alpha_{CB} + \angle C$$

$$\begin{aligned} x''_P &= x_C + c\cos\alpha_{CP} \\ y''_P &= y_C + c\sin\alpha_{CP} \end{aligned} \tag{3-6}$$

按式(3-5)和式(3-6)计算的两组坐标,其较差在允许限差内,则取平均值作为 P 点的最后坐标。

3.1.4.2 极坐标定位法

如图3.4,点 $B(X_B,Y_B)$、$S(X_S,Y_S)$ 为已知点,SB 的方位角为 α_{sb} ,T 为待测点,在 S 点上架设全站仪,观测得 S、T 之间的距离为 D_{st} ,BS 与 ST 之间的夹角为 β 。则有:

方位角:

$$\alpha_{st} = \alpha_{sb} + \beta \tag{3-7}$$

坐标:

$$\begin{aligned} X_t &= X_s + D_{st} \times \cos\alpha_{st} \\ Y_t &= Y_s + D_{st} \times \sin\alpha_{st} \end{aligned} \tag{3-8}$$

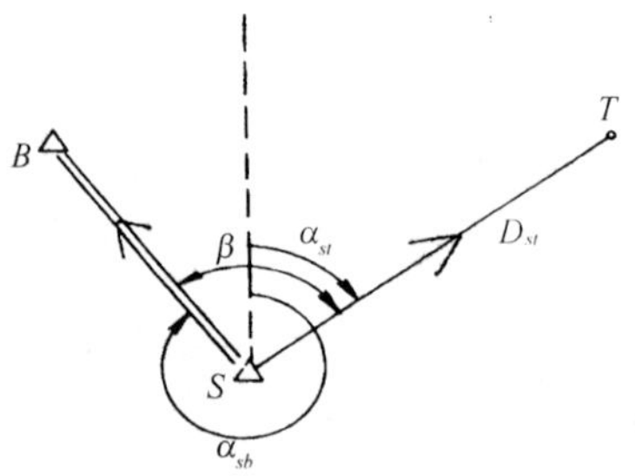

图3.4　极坐标定位法原理

3.1.5　测量数据保存及处理

外业测量时,应针对不同的测量方法,记录对测量成果有直接影响的图形与数据,形成具有可追溯性的测量记录。

对于外业测量资料,应及时整理并加入各项必要的改正,检查合格后才可以用于确定界址点的点位坐标。

3.2 用岛面积和用岛区块面积量算

用岛面积和用岛区块面积均是自然表面形态面积，通过数字高程模型模拟海岛自然表面形态、计算用岛范围内或用岛区块范围内的海岛表面积的方式获取。

3.2.1 数字高程模型(DEM)基础常识

数字高程模型即DEM，它是一种用X、Y、Z坐标对地球表面地形地貌的一种离散数字表达，是表示区域上的三维向量有限序列，用函数的形式表述为：$V_i=(X_i,Y_i,Z_i)(i=1,2,3\cdots,n)$，式中$X_i$，$Y_i$为平面坐标，$Z_i$是$(X_i,Y_i)$所对应的高程值。

3.2.1.1 DEM表示方法

DEM表示方法主要有四种，即数学分块曲面表示法、等值线表示法、规则网格(Grid)表示法及不规则三角网(TIN)表示法。

(1)数学分块曲面表示法

这种方法把地面分成若干个块，每块用数学函数(如傅立叶级数高次多项式、随机布朗运动函数等)高平滑度地表示复杂曲面，并使函数曲面通过离散采样点。这种近似数学表示的DEM不太适合于地图制图，但广泛用于复杂表面模拟的机助设计系统。

(2)等值线表示法

等值线即是地形图中的等高线。按照一定的记录间隔将地形图区域中的一组等高线逐一记录成为数值相等的一组数值线。这种方法一般适宜用于图幅二维数据的存储。

(3)规则网格(Grid)表示法

为了减少数据的存储量及便于使用管理，可利用一系列在X、Y方向上都是等间隔排列的地形点的高程Z表示地形，形成一个规则格网DEM。在这种情况下，除了基本信息外，DEM就变成一组规则网格存放的高程值，在计算机语言中，它就是一个二维数组或数学上的一个二维矩阵：

$$\mathrm{DEM}=\{H_{ij}\},\quad i=1,2,\cdots,m-1,m;j=1,2,\cdots,n-1,n$$

此时，DEM来源于直接规则矩形格网采样点，或由规则、不规则离散数据点内插产生。

(4)不规则三角网(TIN)表示法

为克服规则格网的缺点，可采用附加地形特征数据(如地形线和地形特征点等)方法，构成完整的DEM。将地形特征采集的点按一定规则连接成覆盖整个区域且互不重复的若干三角形，构成一个不规则三角网表示DEM，通常称为TIN。

3.2.1.2 构建DEM常用方法

从数学方法的角度，目前用于建立DEM主要有四种方法：

(1)基于点建立DEM

每一数据点都可建立一水平平面，如果使用单个数据点建立的平面表示此点周围的一小块区域，那么整个DEM表面可由一系列相邻的不连续表面构成。数学表达式为：$Z_i=H_i$，其中Z_i指i点周围一定范围内水平面的高度，H_i为i点的高程值。这种方法非常简单，但需要重点解决一个问题，即确定相邻点间的边界。虽然此方法简单可行，但是由于所建立的表面不连续，在实际中应用的并不多。

（2）基于规则格网（Grid）建立 DEM

Grid 通常是正方形，也可以是矩形、三角形等规则格网。规则格网将研究区域空间切分为规则的格网单元，每个格网单元对应一个数值，格网的分辨率决定了栅格表面的精度。

基于规则格网（Grid）建立 DEM 在数学上可以表示为一个矩阵，而在计算机中实现则使用一个二维数组，每个格网单元或数组的一个元素对应一个高程值，从实用的角度来看，Grid 在数据处理方面有很多优点，但是其缺点是不能准确表示地形的结构和细节，不能够很好地表示地形起伏较大或存在陡峭斜坡和大量断裂线的区域，另外格网数据量一般过大，给数据管理带来了很大的不便，对存储空间的要求比较高，通常需要进行数据压缩。

（3）基于不规则三角网（TIN）建立 DEM

TIN 模型根据区域有限个点集将区域划分为相连的三角形网络，区域中任意点落在三角形的顶点、边上或三角形内，如果点不在顶点上，该点的高程值通常通过线性插值的方法；如果在边上，则用边的两个顶点的高程；如果在三角形内则用三个顶点的高程，所以 TIN 是一个三维空间的分段线性模型。

不规则三角网（TIN）是专为生产 DEM 数据而设计的一种采样表示系统。它克服了高程矩阵中冗余数据的问题，而且能更加有效地用于各类以 DEM 为基础的计算。TIN 数据的存储与操作较 Grid 复杂，它不仅要存储每个点的高程，还要存储平面坐标，节点间的拓扑关系、三角形及邻接三角形等关系，这在概念上类似于多边形网络的矢量拓扑结构，但不需要定义"岛"和"洞"的拓扑关系。尽管如此由于三角形在形状和大小方面有很大的灵活性，所以这种模型能较容易表示断裂线和地形起伏较大的区域。TIN 模型还支持很多的表面分析，如计算高程、坡度、坡向、体积、创建剖面图等，因此 TIN 建模方法在地形表面建模中引起了越来越多的注意，在 GIS 中得到了普遍使用，已成为 DEM 表面建模的主要方法之一。

（4）混合式建立 DEM

在建立 DEM 表面时，有时也经常用到混合建模方法。比如对于格网来说，可以将其分解成三角形网格；对不规则三角形网络经内插处理，也可以形成规则格网。

在无居民海岛使用测量中根据测量对象实际情况，一般使用规则网格（Grid）、不规则三角网（TIN）或者混合方式进行 DEM 构建。这三种方法没有绝对的好坏之分，而是要根据研究区域的地形情况采用合适的方法。一般地形起伏平坦的地区，可以使用规则网格（Grid）进行构建；地形起伏较大的地区，可以使用不规则三角网（TIN）进行构建；在地形情况不定的情况下，为达到基本统一的标准，也可采用混合方式进行 DEM 构建。

3.2.1.3 DEM 数据源

目前，DEM 数据获取途径主要有三种，即摄影测量方法采集（航空影像、遥感影像）、地形图采集、野外测量采集。

3.2.1.4 DEM 误差

从数字地形分析的角度来看，DEM 误差的主要来源于 3 个方面，即 DEM 精度、DEM 结构以及解译算法。

（1）DEM 精度

DEM 精度指 DEM 本身精度，未涉及数字地形分析，主要包含两大部分：DEM 数据误差及 DEM 建模误差。

DEM 数据误差:是指在 DEM 构建之前原始已知点上的各种误差,如数据采集误差、数据测量误差、数据记录和处理误差等。目前用来构建 DEM 的数据误差主要有野外数据测量误差、地形图误差、航空相片误差等。

DEM 建模误差:是指 DEM 在构建过程中,真实地表与插值表面的差异。不管采用何种插值算法,插值点的计算高程与实际量测高程之间总存在差值。高程插值的误差一方面和选用的数学方法(插值算法)有关,另一方面和采样点密度及分布有关。因此 DEM 采样策略与 DEM 插值方法相辅相成,不能偏废,既要顾及采样策略,同时又要选择最佳的插值方法,以降低由于采样策略失误所带来的误差。

(2)DEM 结构

DEM 结构,如 DEM 数据准确度、格网分辨率、格网方向等。格网 DEM 按一定间距和确定的方向记录高程数据,数据的记录精度(数据有效位数)、格网分辨率影响着 DEM 对地形的逼近程度和地形参数的精度,而解译算法对格网方向的适应程度,也是衡量算法优劣的一个标志,理论上,任何解译算法与格网方向无关。

(3)解译算法

解译算法主要是地形参数的数学模型和模拟算法。地形是连续变化的复杂曲面,DEM 对地形的表达是近似的、离散的,加之地表物质运动的复杂性,使得地形参数的理论定义和数学模型建立、算法设计在 DEM 上的实现上都存在不同程度的假设前提,不同的观点有着不同解译算法,而且地形分析结果差别较大。大量的实验分析也表明,地形参数与地形分析方法高度相关。

3.2.1.5 DEM 插值模型

DEM 插值是 DEM 的核心问题,它贯穿于 DEM 的生成、质量控制、精度评定、分析应用等各个环节。

(1)DEM 插值原理

由已知点的高程信息去估计待测点的高程的过程叫做 DEM 插值。DEM 插值的目的是缺值估计和散点数据的格网化。DEM 插值属于空间插值的范畴,其数学基础是二元函数的逼近,分为加权平均插值、局部曲面拟合插值、多面叠加插值等。

1)加权平均插值

加权平均插值相对比较简单,其方法是先对已知点进行定权后求其加权平均值。加权平均插值的关键问题是采用何种定权法则,目前已有的定权方式有距离定权法和泰森多边形定权法。距离定权是根据已知点到待求点的距离的某种函数定权,如反距离权、高斯距离权、调和距离权等。泰森多边形定权属于自然邻近法插值的研究范畴,用泰森多边形的影响面积比率作为权重。目前已经发展到了 K 阶泰森多边形插值。

2)局部曲面拟合插值

局部曲面拟合插值在 DEM 构建中应用比较广泛,其插值原理比较简单。设有 n 个已知点(实心点),其坐标为(X_i,Y_i,Z_i),$i=1,2\cdots n$,另有待插点 $P(X_P,Y_P)$(空心点),现需要估计待插点 P 的高程 Z_P。常规的做法是:构造一个合适插值函数 $Z=Z(X,Y,C)$,使得 $Z(X,Y,C)$(C 为待定系数)去逼近已知点(X_i,Y_i,Z_i),$i=1,2\cdots n$。求解系数 C 通常采用最小二乘法。当待定系数 C 确定以后,再由插值函数 $Z(X,Y,C)$反求待插点 $P(X_P,Y_P)$的高程,即 $Z_P=Z(X_P,Y_P,C)$,完成整个插值过程。

3)多面叠加插值

多面叠加插值法所遵循的原理是:任何一个规则或不规则的连续曲面都可看成由若干个简单的曲面来叠加逼近,其原形来自于多面函数法。具体插值模型是在每个已知点上建立一个曲面,然后在垂直方向上将各个曲面按一定比例进行叠加,形成一张整体连续的曲面,曲面严格通过每一个数据点。

(2)DEM 插值分类

目前 DEM 插值模型较多,根据已知点搜索范围可分为全局插值、局部插值和分块插值。全局插值一般用于趋势面分析,在构建 DEM 中,一般都采用局部插值或分块插值。根据插值面是否通过已知点可以分为精确性插值和非精确性插值。表 3.1 从数据分布、插值范围、插值曲面与参考点关系、插值函数性质等五个方面对 DEM 插值进行了详细分类。

表 3.1 DEM 插值模型分类

<table>
<tr><td rowspan="19">DEM 插值</td><td rowspan="3">数据分布</td><td colspan="2">规则分布插值方法</td></tr>
<tr><td colspan="2">不规则分布插值方法</td></tr>
<tr><td colspan="2">等高线数据插值方法</td></tr>
<tr><td rowspan="3">插值范围</td><td colspan="2">整体插值方法</td></tr>
<tr><td colspan="2">局部插值方法</td></tr>
<tr><td colspan="2">逐点插值方法</td></tr>
<tr><td rowspan="2">插值曲面与
参考点关系</td><td colspan="2">纯二维插值</td></tr>
<tr><td colspan="2">曲面拟合插值</td></tr>
<tr><td rowspan="6">插值函数性质</td><td rowspan="3">多项式插值</td><td>线性插值</td></tr>
<tr><td>双线性插值</td></tr>
<tr><td>高次多项式插值</td></tr>
<tr><td colspan="2">样条插值</td></tr>
<tr><td colspan="2">有限元插值</td></tr>
<tr><td colspan="2">最小二乘配置插值</td></tr>
<tr><td rowspan="5">地形特征理解</td><td colspan="2">克里金插值</td></tr>
<tr><td colspan="2">多层曲面叠加插值</td></tr>
<tr><td colspan="2">加权平均值插值</td></tr>
<tr><td colspan="2">分形插值</td></tr>
<tr><td colspan="2">傅立叶级数插值</td></tr>
</table>

3.2.2 数字高程模型(DEM)的构建及面积量算

3.2.2.1 DEM 构建要求

DEM 构建要求,是指根据无居民海岛使用测量规范的要求,具体构建 DEM 时,所需数据及操作要达到的标准。

(1)DEM 比例尺要求

含工程建设或者土石开采的无居民海岛使用项目,要求构建比例尺不小于 1:5 000 的数字高程模型,其他的无居民海岛使用项目,要求构建比例尺不小于 1∶10 000 的数字高程模型。

构建 DEM 应当优先选用大比例尺数据。比例尺越大,面积量算的精度越高。构建 DEM 所需要的数据,可以通过已有资料获取。对于已有资料不能获取的,测量单位需要进行 DEM 数据采集。

(2) DEM 格网要求

根据 GB/T 17941.1－2000(数字测绘产品质量要求　第 1 部分:数字线划地形图、数字高程模型质量要求)的要求,对 DEM 格网尺寸、高程精度、接边精度提出如下要求。

1)DEM 格网尺寸

DEM 格网尺寸按表 3.2 要求执行。由于无居民海岛面积普遍较小,为了减少误差,故构建比例尺不小于 1∶5 000 的 DEM 时格网尺寸不低于 2.5 m×2.5 m,构建比例尺小于 1∶5 000 且不大于 1∶10 000 的 DEM 时格网尺寸不低于 6.25 m×6.25 m。

表 3.2　DEM 格网间距

比例尺	格网单元间距(m)	格网单元间距(")
1∶10 000	12.5/6.25	0.625
1∶5 000	6.25/2.5	0.625
1∶2 000	2.5	
1∶1 000	2.5	
1∶ 500	2.5	

2)高程精度

用摄影测量方法和用野外实测方法生成的 DEM,其网格点高程中误差不大于相应比例尺地形图测图规范或编绘规范中规定的等高线高程中误差;以地形图数字化方法生成的数字高程模型,其格网点高程中误差应不大于相应比例尺地形图的 2/3 等高距。

3)接边精度

相邻 DEM 接边不应出现漏洞,两 DEM 间相邻行(列)格网点平面坐标应连续且符合格网间距要求,高程应符合地形连续的总体特征,即使出现跳变,也应符合地貌特征。

3.2.2.2　DEM 构建及表面积量算方法

随着 DEM 的广泛应用,可进行相关操作的软件不断增多。目前我国用户使用的该类软件主要集中于 MapGIS、SuperMap 及 ArcGIS 三种。本部分以 ArcGis9.3 软件为例,说明 DEM 构建及表面积量算方法。

(1) DEM 构建方法

1)添加矢量数据并激活“3D Analyst”扩展模块

如图 3.5,执行菜单命令［工具］－［扩展］,在出现的对话框中选中 3D 分析模块,在工具栏空白区域点右键打开［3D Analyst］工具栏。

2)如图 3.6,执行工具栏［3D Analyst］中的菜单命令［3D Analyst］－［Create/Modify TIN］－［Create TIN From Features］

3)［从要素生成 TIN 中］对话框中,在需要参与构造 TIN 的图层名称前的检查框上打勾,指定每个图层中的一个字段作为高度源(Height Source),设定三角网特征输入(Input as)

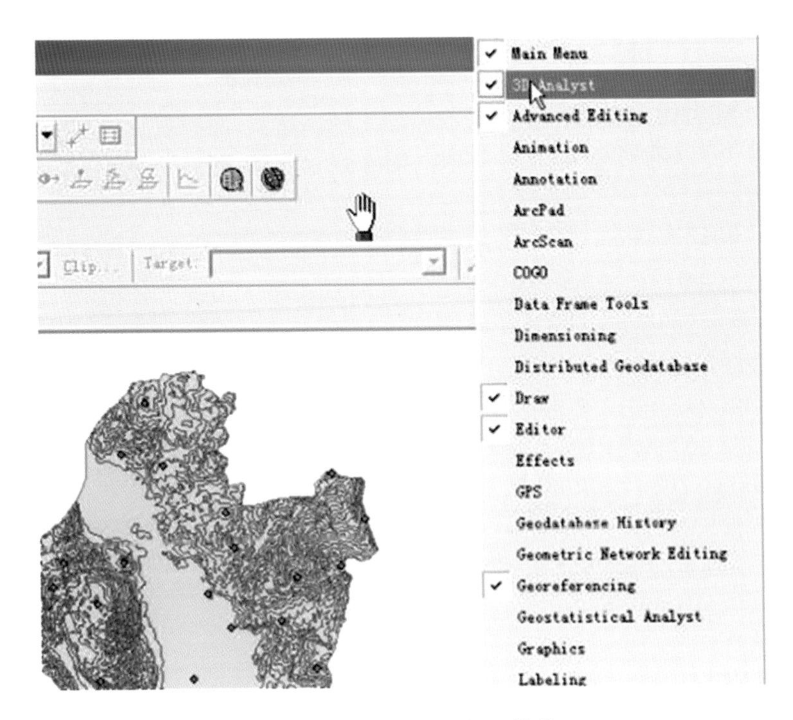

图 3.5 “3D Analyst”扩展模块

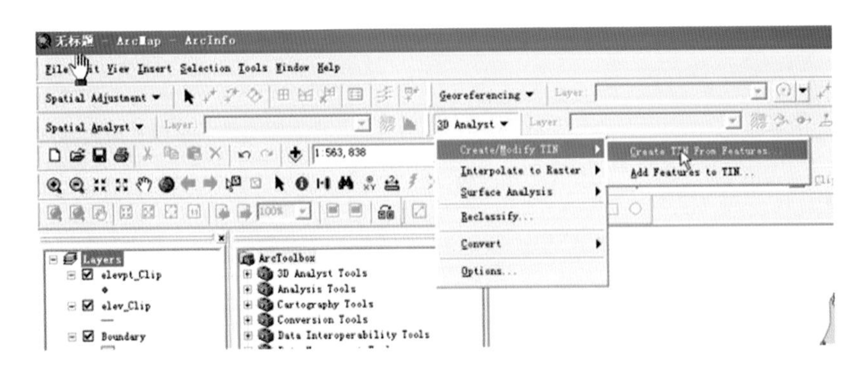

图 3.6 3D Analyst

方式。可以选定某一个值的字段作为属性信息(可以为 None)。在这里(图 3.7)指定图层[Erhai] 的参数:[三角网作为:]指定为[硬替换],其他图层参数使用默认值即可。

确定生成文件的名称及其路径,生成新的图层 tin,在 TOC(内容列表)中关闭除[TIN]和[Erhai]之外的其他图层的显示,设置 TIN 的图层(符号)得到如图 3.8 所示的效果。

4)如图 3.9 所示,执行工具栏[3D Analyst]中的命令[Convert] – [TIN to Raster]

5)如图 3.10 所示,设置相关参数,在 Attribute 栏选择高程,在 Cell size 栏填写 2.5,输出栅格的位置和名称,完成了 DEM 构建。

(2)面积量算方法

如图 3.11 所示,执行工具栏[3D Analyst]中的命令[Surface Analgsis] – [Area and Volume Statistics],输入生成的 DEM 文件,点击 Calculate stastistics 按钮,计算得出表面积、体积。

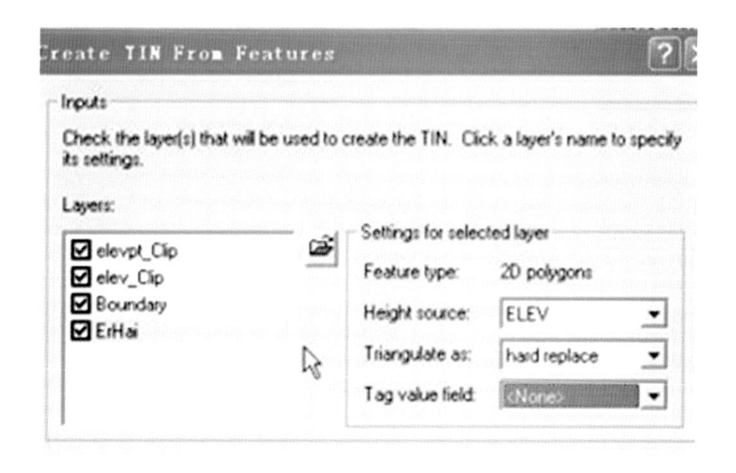

图 3.7　数据源的选择

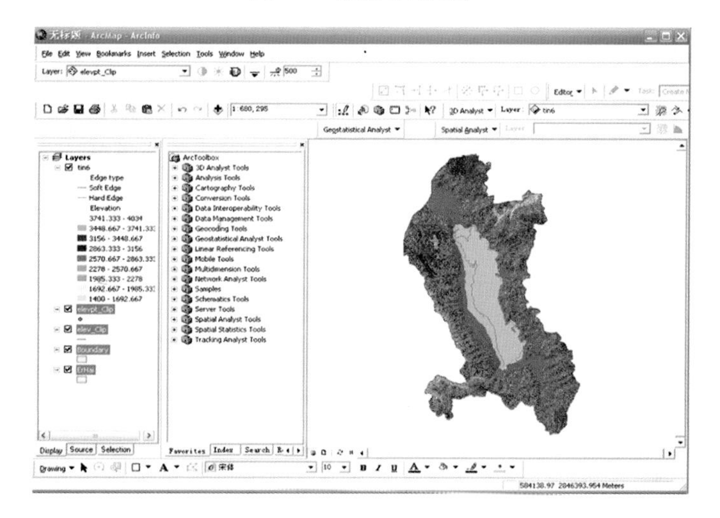

图 3.8　TIN 图层的生成

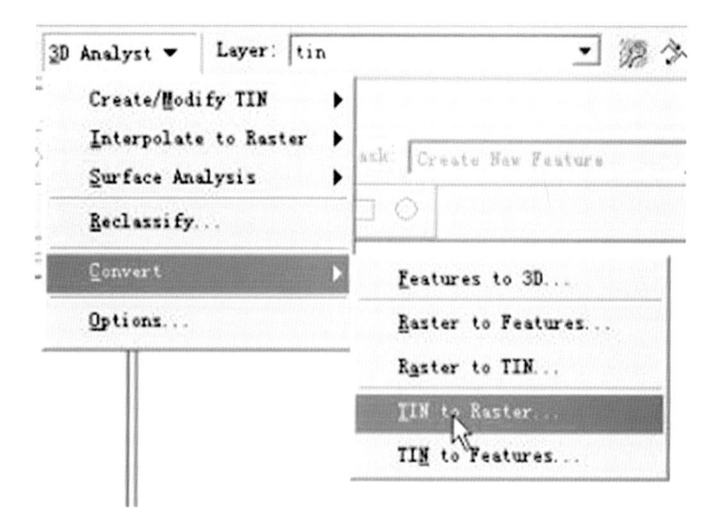

图 3.9　TIN to Raster

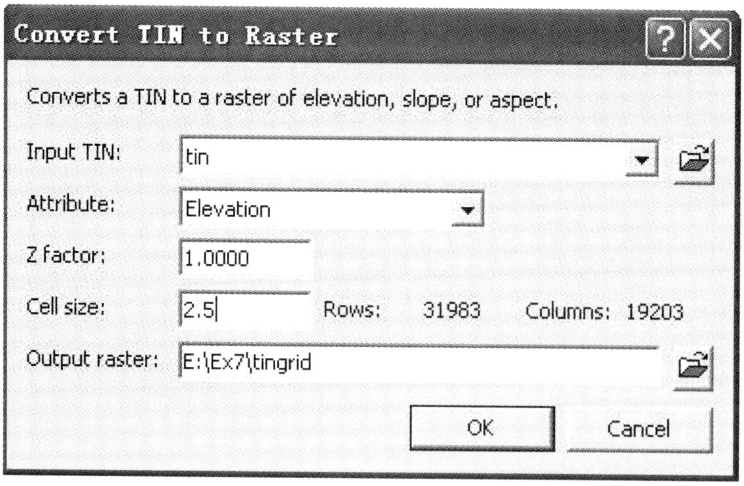

图 3.10 参数设置界面

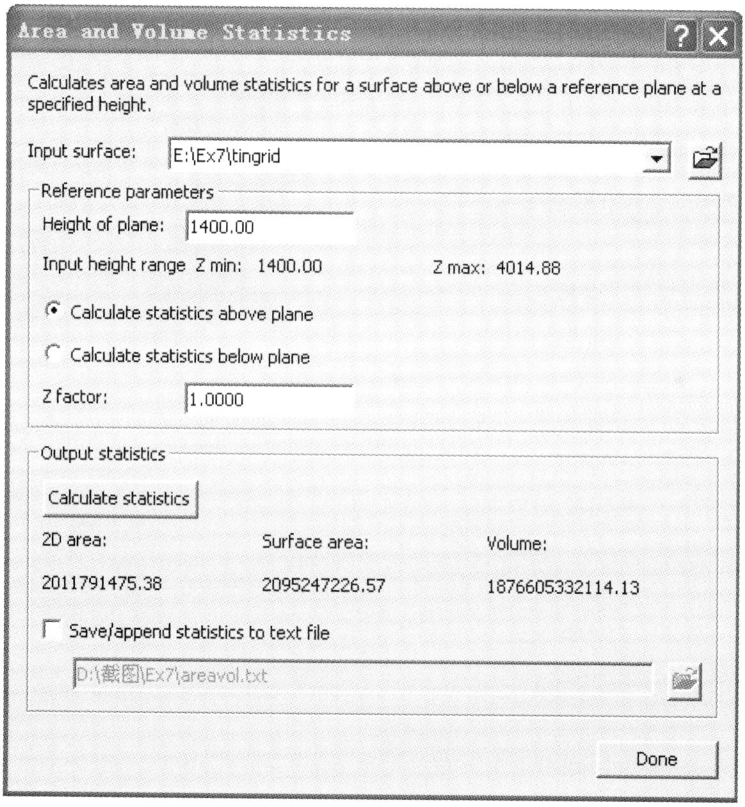

图 3.11 面积量算界面

3.2.2.3 用岛区块面积计算方法

由于用岛面积等于各用岛区块面积之和，在计算中需首先计算各用岛区块的表面面积，累加后得到用岛面积。

由于 DEM 误差的存在，一般情况，DEM 计算的各用岛区块面积累加之和大于 DEM 计算的用岛范围的表面面积，需用系数调整法对各用岛区块面积进行调整。各用岛区块面积通过下面公式计算：

$$S = M_K \times \frac{M}{M_{KZ}} \tag{3-9}$$

式中，S 为用岛区块面积；

M_K 为 DEM 计算的用岛区块自然表面形态面积；

M 为 DEM 计算的用岛范围自然表面形态面积；

M_{KZ} 为 DEM 计算的用岛范围内所有用岛区块自然表面形态面积的和。

若 DEM 计算的用岛范围的自然表面形态面积小于用岛范围投影面面积，用岛区块面积按用岛范围投影面面积计算。用岛范围投影面面积根据用岛范围区域的水平投影面，采用平面解析法计算得到。此种情况一般出现在地势平坦的海岛，非普遍现象。如具体无居民海岛使用测量计算中发现此类情况，应认真查验，确认无误后方可按照用岛范围投影面面积认定。

3.2.2.4 用岛面积计算方法

各用岛区块的面积相加，获得用岛面积。

3.2.2.5 其他数值计算方法

无居民海岛使用测量中，除了需要量算用岛面积和用岛区块面积外，还需要计算无居民海岛的岛体体积和土石采挖量、岸滩和植被面积及减少面积、海岛海岸线长度及改变长度等数据。

（1）岛体体积和土石采挖量计算

将岛体、土石采挖范围与数字高程模型准确叠置，按照 3.2.2.2 方法，计算岛体体积、土石采挖量。涵洞式或坑道式采挖，按实际土石采挖量计算。

（2）岸滩和植被面积及减少面积计算

岸滩和植被（含乔木、灌木、草地三种类型）面积、减少范围应当现场实测获取。当改变面积较少、自然表面形态面积几乎与投影面面积相同时，可采用全站仪直接进行面积测量，具体面积测量方法见 4.2.4。当改变的自然表面形态面积与投影面面积相差较大时，将岸滩和植被覆盖范围、减少范围与构建的 DEM 准确叠置，参照用岛区块面积系数调整法计算原理（详见 3.2.2.3），分别计算岸滩和植被覆盖的自然表面形态面积、减少范围自然表面形态面积。减少范围通过岸滩和植被覆盖现状与无居民海岛开发利用具体方案或者其他有关资料对比获得。

（3）海岛海岸线长度及改变长度计算

海岛海岸线（含自然岸线和人工岸线两种类型）长度及改变长度应当依据现场实测数据计算。确实不能实测的，可以通过图上量算获取，其中海岛海岸线改变范围通过分布现状与无居民海岛开发利用具体方案或者其他有关资料对比获得。

3.3 建筑物和设施测量

建筑物和设施的测量，包括建筑物和设施边长、高度以及建筑物和设施布置图的补测。

3.3.1 坐标系统

建筑物和设施测量采用2000国家大地坐标系统(CGCS2000),投影方式为高斯-克吕格投影。

3.3.2 测量精度

建筑物和设施边长、高度测量精度要求不同。建筑物和设施边长中误差不超过 $\pm(0.1\ \mathrm{m}+1\times10^{-5}D)$,高度中误差不超过 $\pm(0.1\ \mathrm{m}+1\times10^{-3}D)$。测量限差取两倍中误差,即边长测量限差为 $\pm2(0.1\ \mathrm{m}+1\times10^{-5}D)$,高度测量限差为高度中误差不超过 $\pm2(0.1\ \mathrm{m}+1\times10^{-3}D)$。$D$ 是指建筑物和设施边长或者高度,其单位为(m)。

3.3.3 测量方法及常用的仪器

建筑物和设施高度的测量可采用垂线丈量法、光电测距法、三角高程法等方法测定。边长测量可采用实地丈量法、光电测距法等方法测定。常用的仪器有手持测距仪、全站仪、皮尺、钢尺等。选用的测量仪器的性能指标应满足测量精度的要求,并应经过计量检定或校准。

3.3.3.1 高度认定

建筑物和设施高度认定,一般遵循以下原则:

(1)对于平面屋顶的建筑物和设施,应测量屋顶楼面到室外地坪的相对高度。

(2)对于坡屋面或其他曲面屋顶的建筑物和设施,应测量最高点至室外地坪的相对高度。

3.3.3.2 三角高程测量高度的方法

具体方法如图3.12所示,欲测定建筑物J的高度 H,则在A点(高度起算点)安置全站仪,在B点(建筑物最高点M投影在水平面上的投影点)竖反光棱镜,量取仪器望远镜旋转轴中心I至地面点A的仪器高 i,用望远镜十字丝的横丝照准B点反光棱镜中心,测量出A、B点间的水平距离,记为 D。测出倾斜视线IM与水平线间所夹的竖直角 a,则由图3.12可得房屋的高度 H 为:

$$H = D \times \tan\alpha + i \tag{3-10}$$

若使用免棱镜全站仪进行三角高程测量,则无需设置反射棱镜,在A点(高度起算点)架设好仪器后,直接对准M点,测得其高差为h,则可得房屋的高度H为:

$$\mathrm{H} = \mathrm{h} + \mathrm{i} \tag{3-11}$$

3.3.3.3 光电测距法测量高度和边长

手持激光测距仪具有测量速度快,操作方便,精度高的优点。无居民海岛使用测量中,手持激光测距仪是建筑物和设施的高度与边长测量的首选仪器。

3.3.4 建筑物和设施面积计算

建筑物和设施面积计算,是指建筑物和设施占岛面积和建筑面积计算。

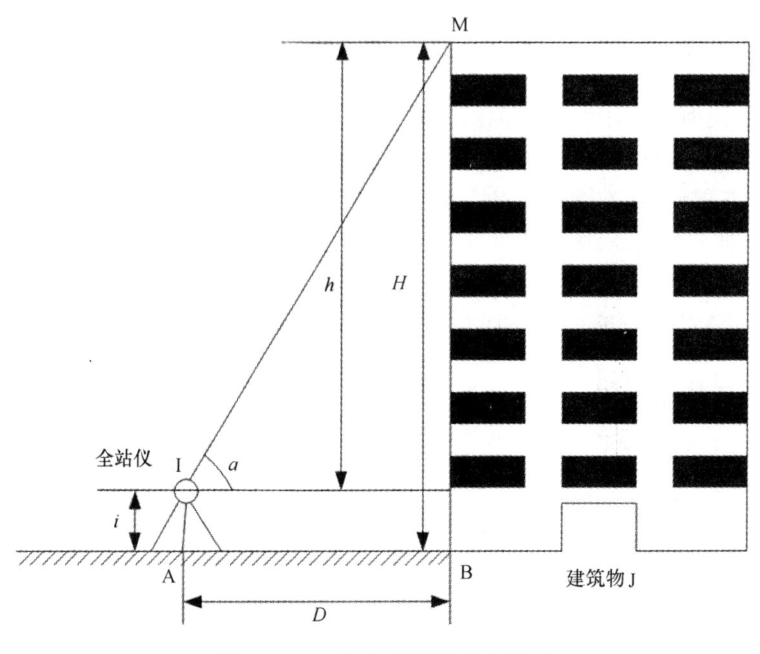

图 3.12　三角高程测量高度原理

建筑物和设施占岛面积根据建筑物和设施外缘线围成区域的水平投影面，采用几何图形计算方法得到。

建筑物建筑面积的计算参照 GB / T 50353 - 2005（建筑工程建筑面积计算规范）中“3 计算建筑面积的规定”要求执行。

3.3.5　测量数据处理及保存

外业测量时，应针对不同的测量方法，记录对测量成果有直接影响的图形与数据，形成具有可追溯性的测量记录。

外业测量资料，应及时整理，检查合格后才可以用于确定高度或者边长以及计算面积。

3.3.6　建筑物和设施布置图的补测

一般情况下，建筑物和设施布置图是在已有的地形图或规划图上提取，若已有的地形图或规划图不包含该建筑物和设施平面图时，可使用手持 GPS 接收机、RTK 或全站仪等测量仪器补测该建筑物和设施的平面图，其角点的绝对精度与界址点精度一致，其边长精度应与地形图比例尺精度一致。

3.4　成果编制

无居民海岛使用测量成果包括测量工作报告、测量成果表及图件三部分内容。

3.4.1 测量工作报告

按照《无居民海岛使用测量规范》,测量工作报告应包括如下四方面内容:

1)无居民海岛位置、自然地理条件、用岛范围概况等;

2)仪器设备、测量基准、测量方法、测量精度分析等;

3)数据处理方案、所采用的软件、投影方式等;

4)测量成果。

在实际测量工作报告编写过程中,编写大纲建议见附件4,可根据具体测量任务进行调整。

3.4.2 测量成果表

测量成果表记录经处理和检验后的测量成果数据,包括界址点坐标测量成果表、分类型用岛面积成果表、建筑物和设施测量成果表、其他数值计算成果表等。

(1)界址点坐标测量成果表

界址点坐标测量成果表(表3.3),主要体现界址点坐标数据,采用大地坐标(°′″)形式表示,保留秒后小数点两位数字。需要注意的是,首先标注用岛范围顶点坐标,在用岛范围顶点坐标后,顺序标注用岛区块顶点坐标。

表3.3 界址点坐标测量成果表

无居民海岛名称			用岛项目名称		
委托方名称			测量单位名称		
坐标系			测量时间		
编号	北纬 (yy°yy′yy. yy″)	东经 (xxx°xx′xx. xx″)	编号	北纬 (yy°yy′yy. yy″)	东经 (xxx°xx′xx. xx″)

注:(1)至(N)为用岛范围顶点坐标,($N+1$)至(M)为其他用岛区块顶点坐标。

(2)分类型用岛面积成果表

分类型用岛面积成果表(表3.4),主要体现各区块用岛面积和合计用岛面积。合计用岛面积即是各个区块用岛面积之和。面积的单位为ha,保留小数点后四位。

表3.4 分类型用岛面积测量成果表

区块编号	用岛类型	用岛面积(ha)	备注
合计(用岛面积)			

（3）建筑物和设施测量成果表

建筑物和设施测量成果表（表3.5），主要体现用岛区域内建筑物和设施的占岛面积、建筑面积和高度。面积单位均为m^2，结果取整数。高度单位为m，保留小数点后一位。

表3.5 建筑物和设施测量成果表

编号	名称	占岛面积（m^2）	建筑面积（m^2）	高度（m）	备注

（4）其他数值计算成果表

其他数值计算成果表（表3.6），主要体现土石采挖量、岸滩和植被减少面积、海岛海岸线改变长度。土石采挖量，单位为m^3；岸滩和植被减少面积，单位为m^2，其中植被分乔木、灌木和草地三种类型；海岛海岸线改变长度，单位为m，包括自然岸线改变长度和人工岸线改变长度。

表3.6 其他数值计算成果表

类别	数值
土石采挖量	m^3
岸滩减少面积	m^2
乔木减少面积	m^2
灌木减少面积	m^2
草地减少面积	m^2
海岛自然海岸线改变长度	m
海岛人工海岸线改变长度	m

3.4.3 测量成果图件

测量成果图件包括无居民海岛使用的位置图、分类型界址图、建筑物和设施布置图。

3.4.3.1 位置图

位置图表示无居民海岛在海区中的位置及用岛范围在无居民海岛上的位置。应包括地理位置示意图，海岛海岸线和用岛范围，用岛范围顶点编号及坐标。

用岛范围顶点以用岛项目为单元进行编号。对于同一个用岛项目，用岛范围顶点编号以西北点为起点，按顺时针顺序从（1）开始，连续顺编。具体示例见图3.13。

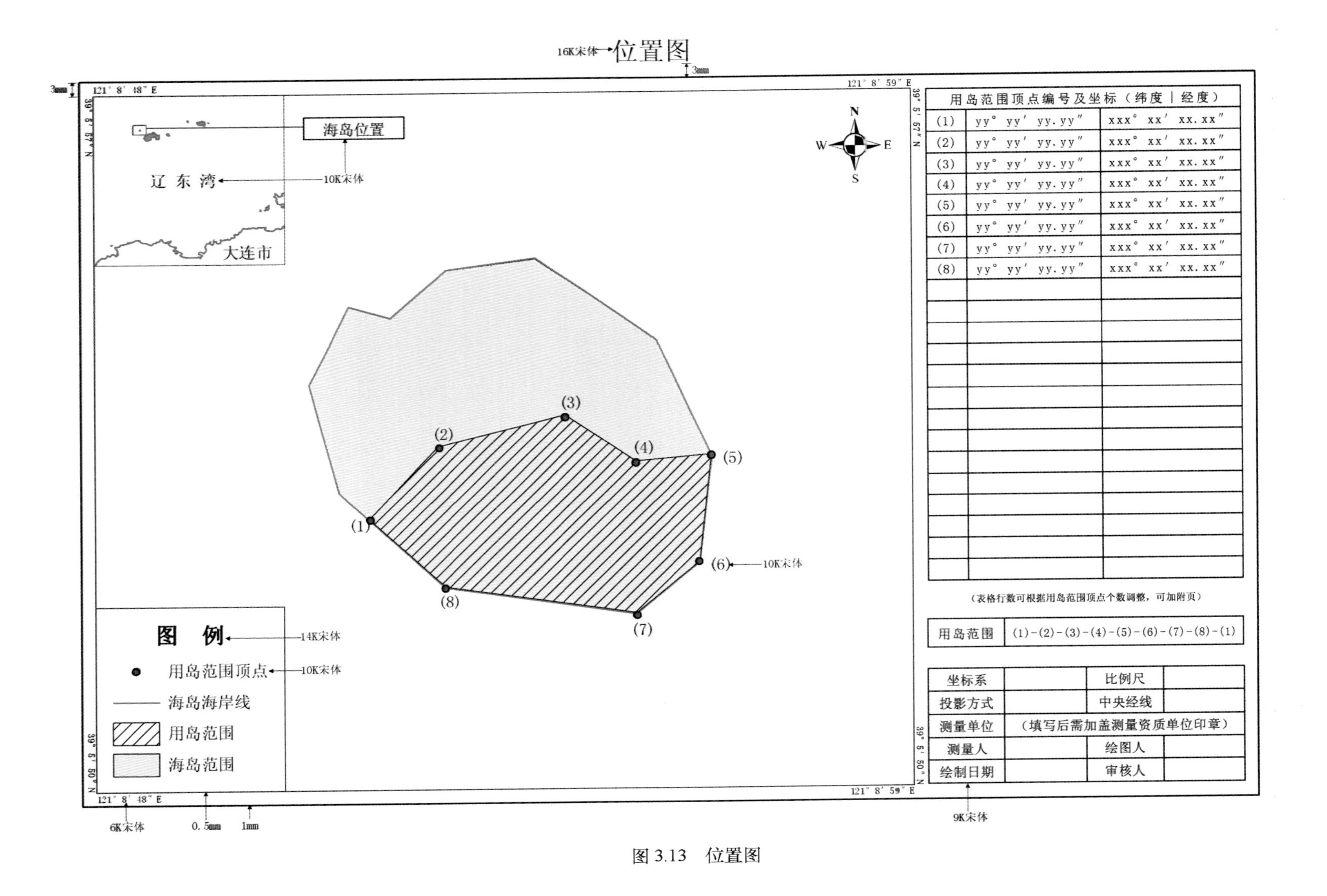
16K宋体
位置图
3mm
121° 8′ 48″ E
121° 8′ 59″ E
39° 5′ 57″ N
39° 5′ 50″ N
海岛位置
辽 东 湾
10K宋体
大连市
N
W
E
S
(1)
(2)
(3)
(4)
(5)
(6)
(7)
(8)
图 例
14K宋体
用岛范围顶点
海岛海岸线
用岛范围
海岛范围
用岛范围顶点编号及坐标（纬度 | 经度）
(1) yy° yy′ yy.yy″ xxx° xx′ xx.xx″
(2) yy° yy′ yy.yy″ xxx° xx′ xx.xx″
(3) yy° yy′ yy.yy″ xxx° xx′ xx.xx″
(4) yy° yy′ yy.yy″ xxx° xx′ xx.xx″
(5) yy° yy′ yy.yy″ xxx° xx′ xx.xx″
(6) yy° yy′ yy.yy″ xxx° xx′ xx.xx″
(7) yy° yy′ yy.yy″ xxx° xx′ xx.xx″
(8) yy° yy′ yy.yy″ xxx° xx′ xx.xx″
（表格行数可根据用岛范围顶点个数调整，可加附页）
用岛范围 (1)-(2)-(3)-(4)-(5)-(6)-(7)-(8)-(1)
坐标系
比例尺
投影方式
中央经线
测量单位
（填写后需加盖测量资质单位印章）
测量人
绘图人
绘制日期
审核人
9K宋体
6K宋体
0.5mm
1mm

图 3.13　位置图

用岛范围顶点编号及坐标不能在位置图右侧图面全部显示的,可增加附表显示。

3.4.3.2 分类型界址图

分类型界址图表示用岛范围内所有用岛区块分布。应包括用岛范围、用岛范围顶点、用岛区块顶点及其坐标、用岛区块编号、界址线。

对于同一个用岛项目,用岛区块编号按从北到南、从西到东顺序,从1开始,连续顺编。

对于同一个用岛项目,用岛区块顶点编号以用岛区块为单元,以各用岛区块的西北点为起点,按顺时针顺序连续顺编。其中用岛区块1的顶点编号从用岛范围顶点编号后连续顺编;用岛区块2的顶点编号从用岛区块1的顶点编号后连续顺编,依次类推。用岛区块顶点编号与用岛范围顶点或相邻用岛区块顶点重合的,不重复编号。具体示例见图3.14。

用岛区块顶点编号及坐标、用岛区块界址线等数据不能在位置图右侧图面全部显示的,可增加附表显示。

3.4.3.3 建筑物和设施布置图

建筑物和设施布置图表示用岛范围内建筑物和设施的分布。应包括建筑物和设施的名称、编号、分布位置和占岛面积。

对于同一个用岛项目,建筑物和设施编号由用岛区块编号与建筑物和设施代码两部分组成,用"—"连接。同一个用岛区块内部建筑物和设施代码按从北到南、从西到东顺序,从1开始,连续顺编。具体示例见图3.15。

建筑物和设施名称及占岛面积信息不能在右侧图面全部显示的,可增加附页显示。

3.4.3.4 注意事项

1)测量成果图件均需包含图件基础信息,即图框、指北针、图例、四至点坐标、坐标系、比例尺、投影方式、中央经线及测量(制图)人员信息等。比例尺可以自行选取,但要求能分辨清楚成果图件上的基础信息。

2)测量成果图件的整体布局、边框尺寸、指北针及各类文字数字字体字号等分别参照图3.13、图3.14、图3.15执行。

3)测量成果图件图示图例参照图3.16所示图例执行。

4)测量成果图件均采用高斯-克吕格投影,以与用岛范围中心相近的0.5°整数倍经线为中央经线。

5)以界址点表示用岛范围或用岛区块时,界址点须闭合成界址线。

6)图幅统一采用A4幅面,对于图面内容复杂且表示不清楚的区域应增加分幅。

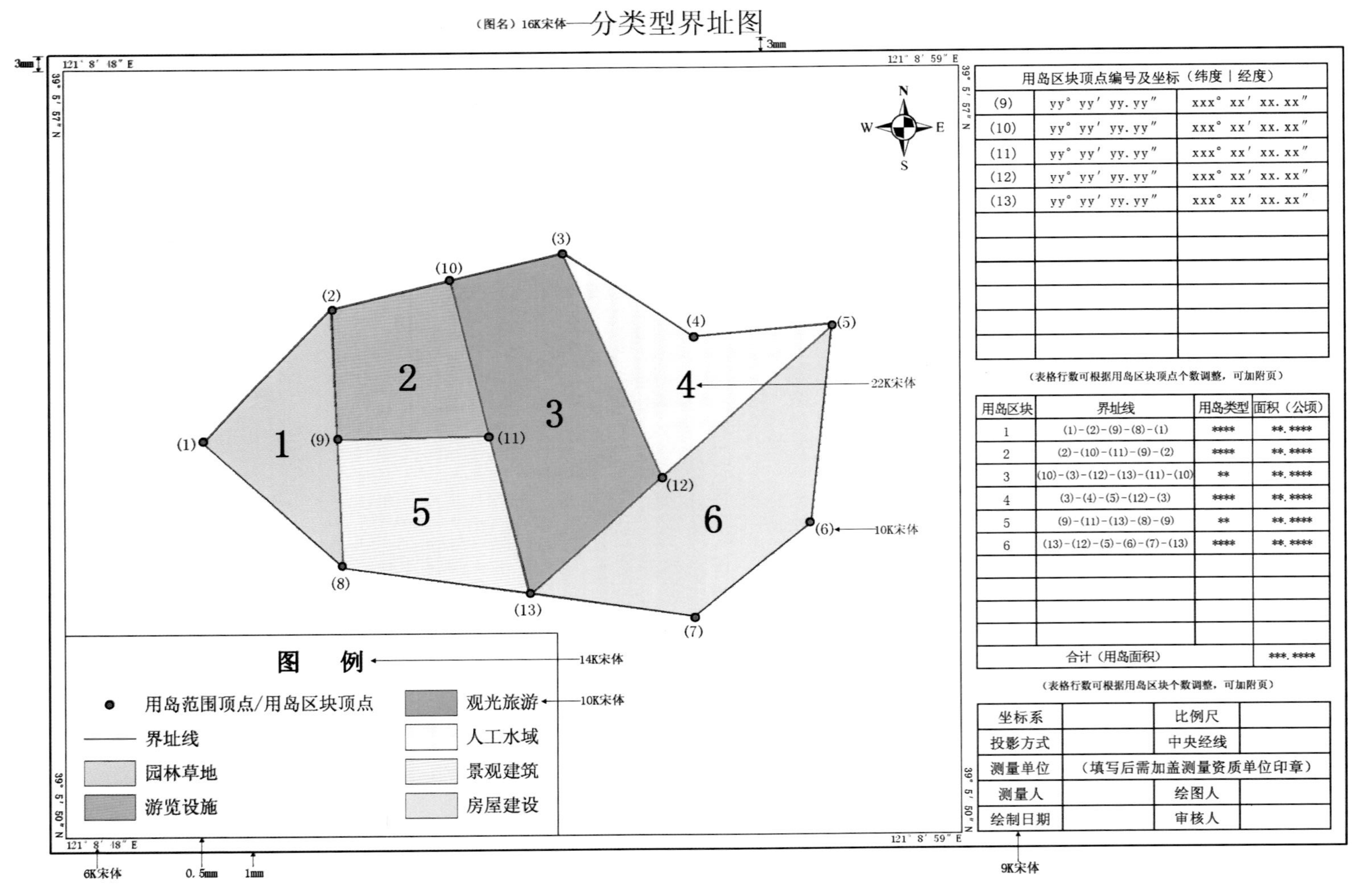

用岛区块顶点编号及坐标（纬度丨经度）		
(9)	yy° yy′ yy.yy″	xxx° xx′ xx.xx″
(10)	yy° yy′ yy.yy″	xxx° xx′ xx.xx″
(11)	yy° yy′ yy.yy″	xxx° xx′ xx.xx″
(12)	yy° yy′ yy.yy″	xxx° xx′ xx.xx″
(13)	yy° yy′ yy.yy″	xxx° xx′ xx.xx″

（表格行数可根据用岛区块顶点个数调整，可加附页）

用岛区块	界址线	用岛类型	面积（公顷）
1	(1)-(2)-(9)-(8)-(1)	****	**.****
2	(2)-(10)-(11)-(9)-(2)	****	**.****
3	(10)-(3)-(12)-(13)-(11)-(10)	**	**.****
4	(3)-(4)-(5)-(12)-(3)	****	**.****
5	(9)-(11)-(13)-(8)-(9)	**	**.****
6	(13)-(12)-(5)-(6)-(7)-(13)	****	**.****
合计（用岛面积）			***.****

（表格行数可根据用岛区块个数调整，可加附页）

坐标系		比例尺	
投影方式		中央经线	
测量单位	（填写后需加盖测量资质单位印章）		
测量人		绘图人	
绘制日期		审核人	

图 3.14　分类型界址图

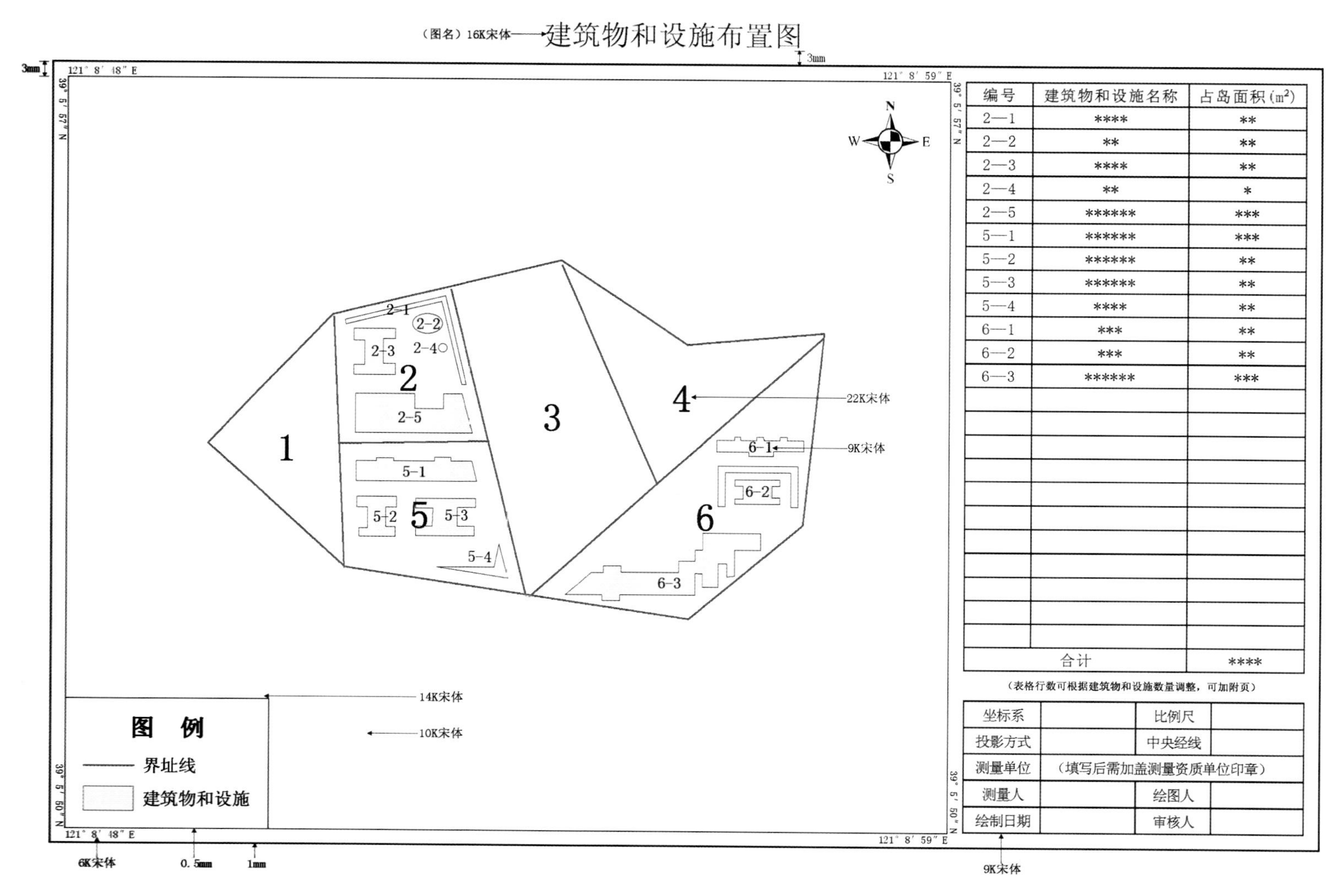

编号	建筑物和设施名称	占岛面积(m²)
2—1	****	**
2—2	**	**
2—3	****	**
2—4	**	*
2—5	******	***
5—1	******	***
5—2	******	**
5—3	******	**
5—4	****	**
6—1	***	**
6—2	***	**
6—3	******	***
合计		****

（表格行数可根据建筑物和设施数量调整，可加附页）

坐标系		比例尺	
投影方式		中央经线	
测量单位	（填写后需加盖测量资质单位印章）		
测量人		绘图人	
绘制日期		审核人	

图 3.15 建筑物和设施布置图

图　　例

- 用岛范围顶点/用岛区块顶点
  填充颜色　RGB（255，0，0）

界址线
线划颜色　RGB（255，0，0）
线划宽度　1mm

海岛海岸线
线划颜色　RGB（0，147，221）
线划宽度　1mm

用岛范围
填充线颜色　RGB（0，0，0）
填充线宽度　0.5mm
填充线倾斜角度　45度

海岛范围
填充颜色　RGB（255，234，190）

建筑物和设施
填充颜色　RGB（245，245，122）

填海连岛
填充颜色　RGB（255，204，230）

土石开采
填充颜色　RGB（255，179，51）

房屋建设
填充颜色　RGB（230，230，0）

仓储建筑
填充颜色　RGB（179，204，255）

港口码头
填充颜色　RGB（153，153，153）

工业建设
填充颜色　RGB（255，204，0）

道路广场
填充颜色　RGB（255，255，255）

基础设施
填充颜色　RGB（153，204，25）

景观建筑
填充颜色　RGB（255，230，230）

游览设施
填充颜色　RGB（255，179，217）

观光旅游
填充颜色　RGB（255，153，179）

园林草地
填充颜色　RGB（204，255，128）

人工水域
填充颜色　RGB（217，255，255）

种养殖业
填充颜色　RGB（255，255，204）

林业用岛
填充颜色　RGB（0，168，132）

第4章　全站仪简介及其测量

通过第三章对解析交会法、极坐标定位法、三角高程法的介绍，我们知道，确定地面点的水平和垂直位置，需要进行角度、距离和高程这三项的测量工作，而全站仪集测角、测距、测高程三项功能于一体，完全能满足上述三种测量方法的需要，是目前测量工作中最常用的测量仪器。因此，本章就全站仪及其测量方法进行详细的介绍。

4.1　全站仪概述

20世纪60年代末出现了能把电子测距、电子测角和微处理机结合成一体的能自动记录、存储并具备某些固定计算程序的电子速测仪。因该仪器在一个测站点能快速进行三维坐标测量、定位和自动数据采集、处理、存储等工作，较完善地实现了测量和数据处理过程的电子化和一体化，称为"全站型电子速测仪"，通常又称为"电子全站仪"或简称"全站仪"。

目前，全站仪的应用范围已不只是局限于测绘工程、建筑工程、交通与水利工程、地籍与房产测量，在大型工业生产设备和构件的安装调试、船体设计施工、大桥水坝的变形观测、地质灾害监测及体育竞技等领域中也得到了广泛应用。

全站仪的应用具有以下特点：

1）在地形测量过程中，可以将控制测量和地形测量同时进行。

2）在施工放样测量中，可以将设计好的管线、道路、工程建筑的位置测设到地面上，实现三维坐标快速施工放样。

3）在变形观测中，可以对建筑物的变形、地质灾害等进行实时动态监测。

4）在控制测量中，导线测量、前方交会、后方交会等程序功能操作简单、速度快、精度高，其他程序测量功能方便、实用且应用广泛。

5）在同一个测站点，可以完成全部测量的基本内容，包括角度测量、距离测量、高差测量，实现数据的存储和传输。

6）通过传输设备，可以将全站仪与计算机、绘图机相连，形成内外一体的测绘系统，从而大大提高地形图测绘的质量和效率。

4.1.1　全站仪的基本组成

全站仪由电子测角、电子测距、电子补偿、微机处理装置四部分组成，它本身就是一个带有特殊功能的计算机控制系统，其微机处理装置由微处理器、存储器、输入部分和输出部分组成。由微处理器对获取的倾斜距离、水平角、垂直角、垂直轴倾斜误差、视准轴误差、垂直度盘指标差、棱镜常数、气温、气压等信息加以处理，从而获得各项改正后的观测数据和计算数据。在仪器的只读存储器中固化了测量程序，测量过程由程序完成。全站仪的设计框架如图4.1所示。

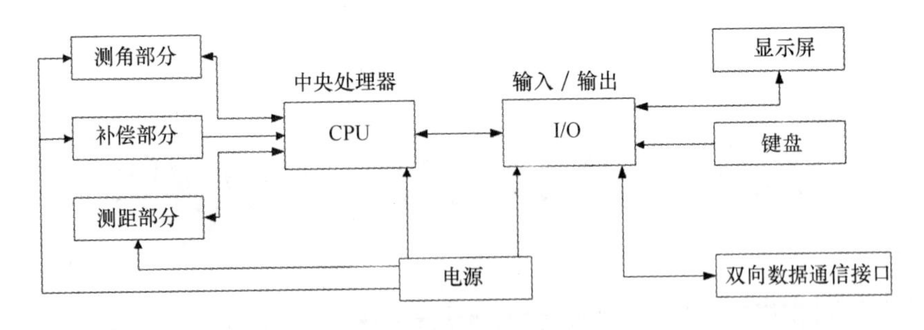

图 4.1 全站仪的设计框架

其中：

a. 电源部分是可充电电池，为各部分供电；

b. 测角部分为电子经纬仪，可以测定水平角、垂直角，设置方位角；

c. 补偿部分可以实现仪器垂直轴倾斜误差对水平、垂直角度测量影响的自动补偿改正；

d. 测距部分为光电测距仪，可以测定两点之间的距离；

e. 中央处理器接受输入指令、控制各种观测作业方式、进行数据处理等；

f. 输入、输出包括键盘、显示屏、双向数据通信接口。

从总体上看，全站仪的组成可分为两大部分：

1）为采集数据而设置的专用设备，主要有电子测角系统、电子测距系统、数据存储系统、自动补偿设备等。

2）测量过程的控制设备，主要用于有序地实现上述每一专用设备的功能，包括与测量数据相连接的外围设备及进行计算、产生指令的微处理机等。

只有上面两大部分有机结合才能真正地体现“全站”功能，既要自动完成数据采集，又要自动处理数据和控制整个测量过程。

4.1.2 全站仪的精度及等级

(1) 全站仪的精度

全站仪是集光电测距、电子测角、电子补偿、微机数据处理为一体的综合型测量仪器，其主要精度指标是测距精度 m_D 和测角精度 m_β。如 SET500 全站仪的标称精度为：测角标称精度 $m_\beta = \pm 5''$，测距标称精度 $m_D = \pm(3\ \text{mm} + 2 \times 10^{-6} D)$。

在全站仪的精度等级设计中，对测距和测角精度的匹配采用“等影响”原则，即

$$\frac{m_\beta}{\rho} = \frac{m_D}{D} \tag{4-1}$$

式中，取 $D = 1 \sim 2$ km，$\rho = 206\ 265''$，则有表 4.1 所示的对应关系。

表 4.1 m_β 与 m_D 的关系

m_β (″)	m_D (D=1 km)(mm)	m_D (D=2 km)(mm)
1	4.8	2.4
1.5	7.3	3.6
5	24.2	12.1
10	48.5	24.2

(2)全站仪的等级

国家计量检定规程《全站型电子速测仪检定规程》(JJG 100－2003)将全站仪的准确度等级分划为四个等级,如表4.2所示。

表4.2 全站仪的准确度等级

准确度等级	测角标准差 m_β (″)	距离标准差 m_D (mm)
Ⅰ	$\lvert m_\beta \rvert \leqslant 1$	$\lvert m_D \rvert \leqslant 5$
Ⅱ	$1 < \lvert m_\beta \rvert \leqslant 2$	$\lvert m_D \rvert \leqslant 5$
Ⅲ	$2 < \lvert m_\beta \rvert \leqslant 6$	$5 \leqslant \lvert m_D \rvert \leqslant 10$
Ⅳ	$6 < \lvert m_\beta \rvert \leqslant 10$	$\lvert m_D \rvert \leqslant 10$

注:m_D 为每km测距标准差

Ⅰ、Ⅱ级仪器为精密型全站仪,主要用于高等级控制测量及变形观测等;Ⅲ、Ⅳ级仪器主要用于道路和建筑场地的施工测量、电子平板数据采集、地籍测量和房地产测量等。

4.1.3 全站仪的分类

全站仪按测距仪测距可以分为以下三类:

(1)短测程全站仪

测程小于3 km,一般精度为 $\pm(5\ \text{mm}+5\times10^{-6}D)$,主要用于普通测量和城市测量。

(2)中测程全站仪

测程为3 ~15 km,一般精度为 $\pm(5\ \text{mm}+2\times10^{-6}D)$, $\pm(2\ \text{mm}+2\times10^{-6}D)$ 通常用于一般等级的控制测量。

(3)长测程全站仪

测程大于15 km,一般精度为 $\pm(5\ \text{mm}+1\times10^{-6}D)$,通常用于国家三角网及特级导线的测量。

由于目前国家控制网及工程控制网一般采用全球定位系统GPS测量,所以目前的全站仪主要以中、短程为主。

4.2 全站仪的测量功能及其原理

全站仪的测量功能分为基本测量功能和程序测量功能。全站仪的基本测量功能包括电子测角(水平角、垂直角)、电子测距两部分;显示的数据为观测数据。全站仪的程序测量功能包括水平距离和高差的切换显示、三维坐标测量、放样测量、悬高测量、对边测量、偏心测量、后方交会测量、面积测量等。在无居民海岛使用测量中,使用到的测量功能主要是角度测量、距离测量、三维坐标测量以及面积测量等。

4.2.1 全站仪的角度测量

角度测量是无居民海岛使用测量中,使用全站仪测量的一项最基本的工作,也是进行三角高程测量、三维坐标测量、面积测量等的基础测量之一。

(1)角度测量原理

在使用全站仪确定地面点的相互位置关系时,角度测量是一项重要的测量工作。角度测量包括水平角测量和竖直角测量两部分。

1)水平角测量原理

地面上两相交直线之间的夹角在水平面上的投影,称为水平角。如图4.2所示,地面上有任意三个高度不同的点,分别为A、B和C,如果通过倾斜线BA和BC分别作两个铅垂面与水平面相交,其交线ba与bc所构成的夹角∠abc就是空间夹角∠ABC的水平投影,也即水平角。

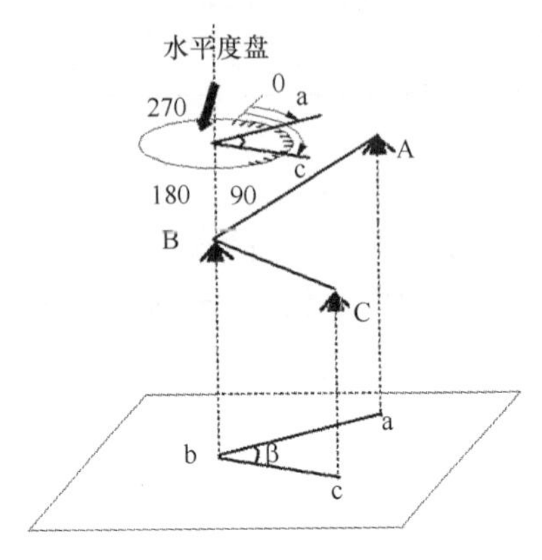

图4.2 水平测角原理

假设在B点(称为测站点)的铅垂线上,水平地安置一个有一定刻划的圆形度盘,并使圆盘的中心位于B点的铅垂线上。如果用一个既能在竖直面内上下转动以瞄准不同高度的目标,又能沿水平方向旋转的望远镜,依次从B点瞄准目标A和C,设通过BA和BC的两竖直面在圆上截得的读数分别为a和c,则水平角β就等于c减去a,即

$$\beta = c - a \tag{4-2}$$

2)竖直角测量原理

竖直角也称垂直角,就是地面上的直线与其水平投影线(水平视线)间的夹角。如图4.3所示,角α_A即为直线BA的竖直角,α_C即为直线BC的竖直角。同样的道理,通过设置在B点的度盘,我们可以分别读出角α_A、α_C的读数。在竖直角测量时,倾斜视线在水平视线以上时,竖直角为正,称仰角,否则竖直角为负,称俯角。

(2)全站仪的电子测角原理

全站仪电子测角系统采用光电扫描和电子元件进行自动读数和液晶显示。电子测角虽然仍采用度盘,但它不是按照度盘上的分划线用光学读数法读取角度值,而是从度盘上取得电信号,再将电信号转换为数字并显示角度值。

电子测角的度盘主要有编码度盘、光栅度盘、动态度盘三种形式。因此,电子测角也就有编码测角、光栅测角、动态测角等形式。

1)编码度盘的测角原理

利用编码度盘进行测角是电子经纬仪中采用最早、较为普遍的电子测角方法。它是以二进制为基础,将光学度盘分成若干区域,每一区域用某一个二进制编码来表示。当照准方向确定以后,方向的投影落在度盘的某一区域上并与某一个二进制编码相对应。通过发光

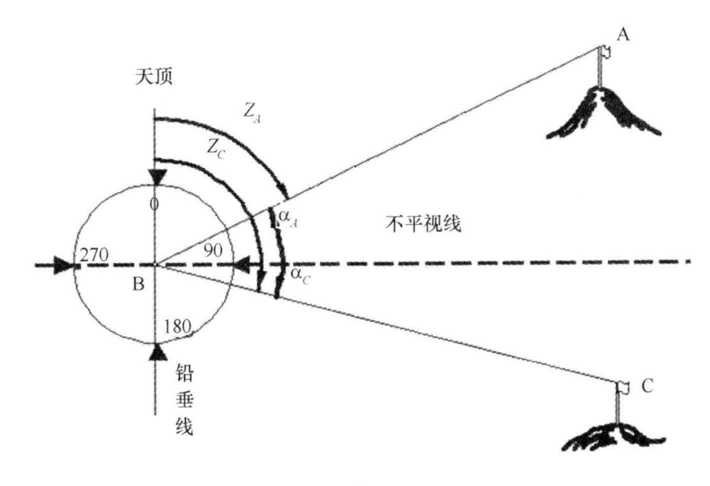

图 4.3　竖直角测量原理

二极管和接收二极管，将编码度盘上的二进制编码信息转换成电信号，再通过模拟数字转换，得到一个角度值。由于每个方向单值对应一个编码输出，不会由于停电或其他原因而改变这种对应关系。另外，利用编码度盘（编码度盘可分为纯二进制码盘和葛莱码盘），不需要基准数据即没有基准读数方向值的影响，就可以得出绝对方向值。因此，把这种测角方法称为绝对式测角方法。

①纯二进制码盘

将光学度盘刻上分划，造成透光与不透光两种状态，分别看做是二进制代码的逻辑“1”和“0”。纯二进制可以表示任何状态并由计算机来识别，二进制位数越多，所能表达的状态数也越多。纯二进制码是按二进制数的大小依次构成编码度盘的各个不同状态。

如图 4.4 所示，度盘一周为 360°，如果分成两半，即可确定两种状态：0° ~ 180°与180° ~ 360°，换句话说，角度值的分辨率为 180°（见图 4.4（a））。如果角度值分辨率提高到 90°，首先必须把度盘分成四等份，然后再加上一圈，并以二进制规则刻制（见图 4.4（b））。用纯二进制码来代替这四种状态为 00、01、10、11，对应的角度分别为 0° ~ 90°、90° ~ 180°、180° ~ 270°和 270° ~ 360°。

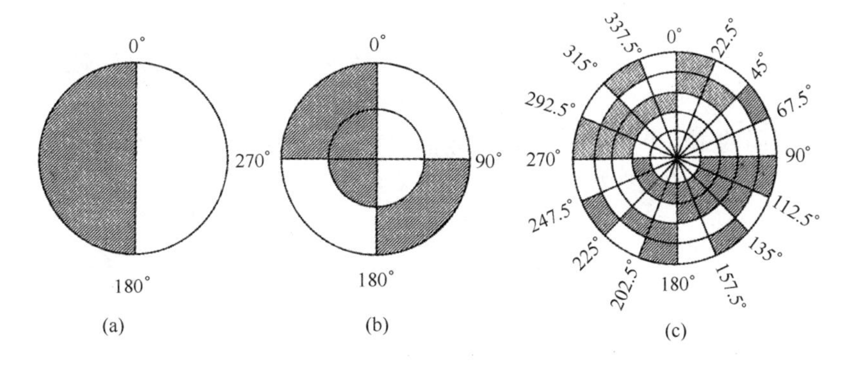

图 4.4　纯二进制编码

这里一圈称为一个编码轨道，图 4.4（b）所示度盘共有两个编码轨道，并且其二进制构成的数值是依次相邻安排的。为了提高角度值的分辨率,就必须增加度盘的等份数和相应的编码道数。若编码道数为 n,则整个编码度盘表示的状态数为:

$$S = 2'' \tag{4-3}$$

分辨率为:

$$\delta = \frac{360^0}{2^n} \tag{4-4}$$

如图 4. 4(c)所示,度盘分成 16 等份,即所能表示的状态数 $S = 16$,要求的编码道数 $n = 4$,分辨率 $\delta = 22.5°$。

从理论上说,为了达到足够的分辨率,可以再增加编码道数和相应的刻线,但是从实际技术来看则很困难。对二进制编码度盘来说,由于度盘刻制工艺上存在公差或光电接收管安置不严格,有时会使测量出现大的粗差。

②葛莱码盘

为了克服用纯二进制编码度盘可能会出现较大的粗差这一缺点,可以采用葛莱码。葛莱码是由 H. T. Gray 于 1953 年发明的,它使整个编码度盘的相邻状态只有一个编码道发生变化,所以亦称为循环码。这样,即使当读数位置处于两个状态的分界线上或光电接收管安置不很严格时,所得的读数只能是两相邻状态数中的一个,使得可能产生的误差不超过十进制的一个单位,如图 4. 5 所示。

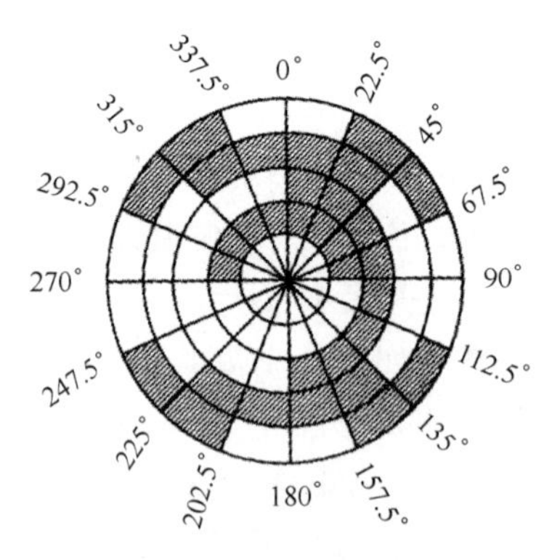

图 4. 5　葛莱码盘

为了计算角度值,必须通过转换电路将葛莱码转换成相应的纯二进制数。转换方法如下:

设二进制编码的第 i 个状态所代表的数值为 P_i,而葛莱码的第 i 个状态所代表的数值 G_i,$i = 0, 1, \cdots, n$(n 为总的状态数),它们之间的关系为

$$\begin{aligned} P_n &= G_n \\ P_{n-1} &= G_n e G_{n-1} = P_n e G_{n-1} \\ P_{n-2} &= G_n e G_{n-1} e G_{n-2} = P_{n-1} e G_{n-2} \\ &\vdots \\ P_1 &= G_n e G_{n-1} e \cdots e G_2 e G_1 = P_2 e G_1 \\ P_0 &= G_n e G_{n-1} e \cdots e G_1 e G_0 = P_1 e G_0 \end{aligned}$$

上式 e 表示不进位逻辑加,故有:

$$P_i = G_n e G_{n-1} e \cdots e G_{i+1} e G_i = P_{i+1} e G_i \tag{4-5}$$

为了易于比较，列出16种状态的纯二进制编码与葛莱码的编码对照，如表4.3所示。

表4.3　纯二进制码与葛莱码的编码对照

状态	纯二进制码	葛莱码	状态	纯二进制码	葛莱码
0	0000	0000	8	1000	1100
1	0001	0001	9	1001	1101
2	0010	0011	10	1010	1111
3	0011	0010	11	1011	1110
4	0100	0110	12	1100	1010
5	0101	0111	13	1101	1011
6	0110	0101	14	1110	1001
7	0111	0100	15	1111	1000

③编码度盘的读数系统

在用编码度盘的电子经纬仪中，通过光电探测器获取特定度盘的编码信息，并由微处理器译码，最后将编码信息转换成实际的角度值。如图4.6所示，在编码度盘的每一个编码轨道上方安置一个发光二极管，在度盘的另一侧、正对发光二极管的位置安放有光电接收二极管。当望远镜照准目标时，由发光二极管和光电二极管构成的光电探测器正好位于编码度盘的某一区域，发光二极管照射到由透光和不透光部分构成的编码器上，光电二极管就会产生电压输出或者零信号，即二进制的逻辑“1”和逻辑“0”。这些二进制编码的输出信号通过总线系统输入到存储器中，然后通过译码器并由数字显示单元以十进制数字显示出来。

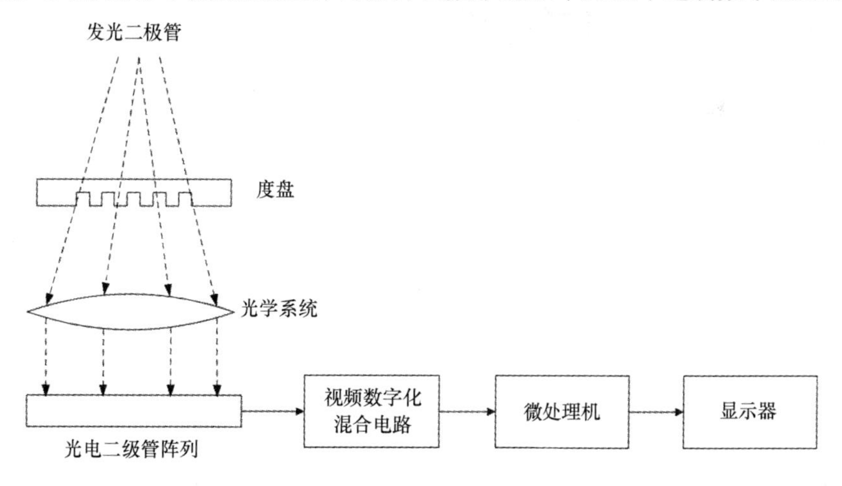

图4.6　编码度盘读数系统

2）光栅度盘的测角原理

在电子经纬仪中，另一种广泛使用的测角方法是用光栅度盘。由于这种方法比较容易实现，所以目前已被广泛采用。

①光栅度盘

光栅是指均匀刻有间隔很小、明暗相间的等宽度分划线。若将分划线刻在光学玻璃度盘上，就构成了光栅度盘，如图 4.7 所示。

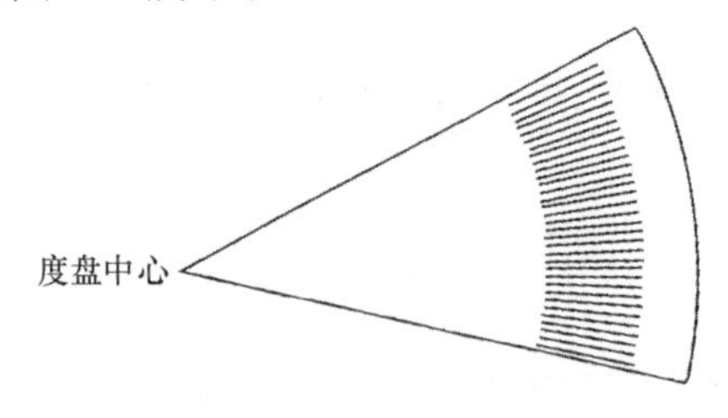

图 4.7　光栅度盘(局部)

光栅度盘的分划线可以是直线，也可以是曲线。在电子经纬仪的光栅度盘上刻的都是辐射状的直线，辐射中心通常与度盘的圆心重合，故也叫做中心辐射光栅度盘。另外，如按光栅的使用特性，可分为相位光栅和振幅光栅；按光栅度盘读数的光学原理，可分为透射光栅和反射光栅。

在电子经纬仪中要实现测角，通常由两个光栅度盘构成，其中一个为主光栅(全圆光栅度盘)，另一个为指标光栅(局部光栅度盘)。利用光栅度盘测量角度，就是要测定从起始方向到实际方向，指标光栅相对光栅度盘移动的光栅数，这种测角方法也称做增量式。

②莫尔干涉条纹

如图 4.8 所示，两个间隔相同的光栅叠放在一起并错开很小的夹角，当它们相对移动时，可看到明暗相间的干涉条纹，称为莫尔干涉条纹，简称莫尔条纹。

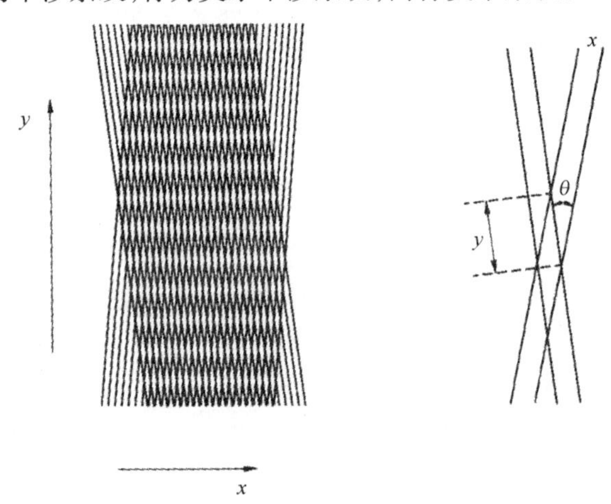

图 4.8　莫尔干涉条纹

在图 4.8 中，设 x 是光栅度盘相对于固定光栅的移动量，y 是莫尔干涉条纹在径向的移动量，两光栅间的夹角为 θ，则有关系式：

$$y = x\cot\theta \tag{4-6}$$

由式(4-6)可见，对于任意选定的 x，θ 愈小，干涉条纹的径向移动量就愈大。可见莫尔干涉条纹具有放大作用，且 θ 越小，放大倍数越大。这样，就有利于提高测角的分辨率，便于安置光电传感器，正确传输信息，实现自动控制和数字化测量。

如果两光栅的相对移动是沿 x 方向从一条分划线移到相邻的另一条分划线，为一个格栅距离 x；则干涉条纹在 y 方向上移动一周，即光线由暗到明、再由明到暗的变化是一个周期，为一个条纹宽度 y；于是干涉条纹移动的周期总数就等于所通过的格线数。如果数出和记录光电传感器所接收的光强变化周期总数，便可测得移动量，再经光电信号转换，最后得到角度值。

③光栅度盘的读数系统

光栅度盘的读数系统也采用发光二极管和光电接收二极管进行光电探测，如图 4.9 所示。在光栅度盘的一侧安置一个发光二极管；而在另一侧，正对位置安放光电接收二极管。当两光栅度盘相对移动时，就会出现莫尔条纹的移动，莫尔条纹正弦信号被光电二极管接收，并通过整形电路转换成矩形信号，该信号变化的周期数可由计数器得到。计数器的二进制输出信号通过总线系统输入到存储器，并由数字显示单元以十进制数字显示出来。

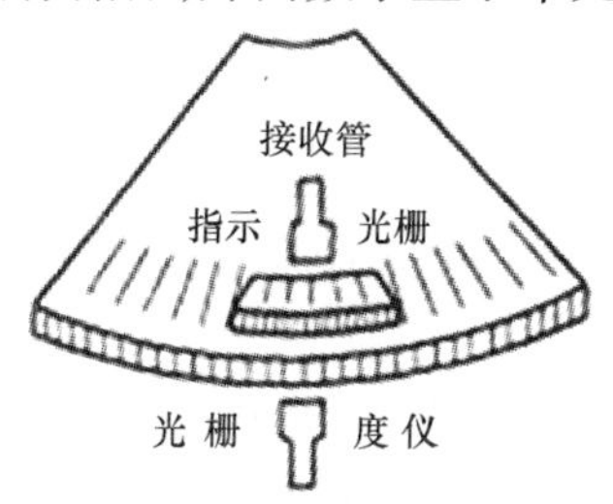

图 4.9　光栅度盘读数系统

另外，在光栅度盘的读数系统中还需要注意以下几个问题：

a. 为了消除光栅刻制误差的影响，通常是采用对径位置安放光电探测器扫描；

b. 为了提高测角精度，必须采用角度测微技术；

c. 为了实现正确计数，必须进行计数方向判别。

如果照准部瞄准一个目标，顺时针方向旋转时计数累加，转过目标后，还必须按逆时针方向旋转回到这一目标，这样计数系统应从总数中减去逆时针旋转的计数。因此，该计数系统必须具备方向判别功能，才能得到正确的角度值。

为了判别仪器的转动方向，最简单的方法是再增设一个光电二极管，它与原来获取计数信息的光电二极管的间隔为一个莫尔条纹宽度的 1/4（$y/4$），这两个光电二极管所获取信号的相位差为 90°，在电路设计上利用这种变化来控制脉冲计数，使照准部为顺时针转动时用加法器进行加法计数；反之，进行减法计数，从而最后获得正确的角度。

3）动态测角的基本原理

前面介绍的电子测角原理中，无论是用编码度盘还是光栅度盘，其度盘相对于经纬仪的水平轴和垂直轴固定不变，测角时仅仅用到整个度盘的一部分，测角精度受到度盘上编码或光栅位置分划误差的影响。为了提高测角精度，必须通过适当的角度测微技术来提高测角分辨率。

另一种与之相反的测角技术，是在测角时仪器的度盘分别绕垂直轴和横轴恒速旋转，称为动态式。目前，采用动态测角原理的仪器很多，以 LEICA 的 T2000 为例，如图 4.10 所示。

T2000 的度盘直径为 52 mm，在该度盘上刻有 1024 条分划，则每一分划区间（包含一条透光和一条不透光部分）所对应的角度值 ϕ_0 为：

$$\phi_0 = \frac{360°}{1024} = 21'05.625''$$

当仪器的度盘绕水平轴和垂直轴分别以恒定的速度旋转时，由安置在度盘上对应直径

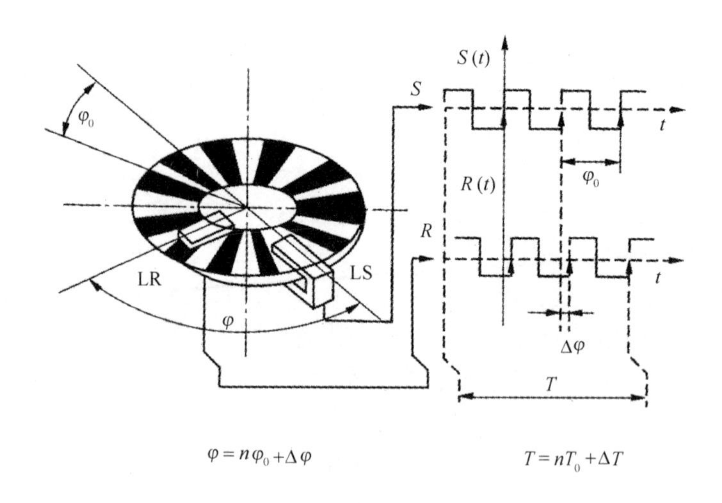

图 4.10　T2000 动态测角系

位置的两组光电传感器(图中只画出一组)分别在度盘转动时获取度盘信息。图 4.10 中 LS 为固定传感器,相当于角度值的起始方向;LR 为可随望远镜转动的可动传感器,相当于提供目标方向。这两个光电传感器之间的夹角 ϕ 就是我们要测定的角度值。显然,ϕ 值包括了 $n\phi_0$ 和不足一个 ϕ_0 的角度值 $\Delta\phi$,即

$$\phi = n\phi_0 + \Delta\phi \tag{4-7}$$

这样动态测角就包括了粗测 $n\phi_0$ 、精测 $\Delta\phi$ 两部分,只有在仪器完成角度的粗测 $n\phi_0$ 、精测 $\Delta\phi$ 之后,由微处理器进行衔接,才能得到完整的 ϕ 值。

①粗测

粗测 $n\phi_0$ 只能够测定角度值中的大数。为此,在 T2000 的度盘上每隔 90°设有一个特殊的标识符。每个标识符是通过改变分划线不透光部分的宽度来确定的,并可由仪器自动识别。变窄的不透光部分的数目和位置不同就形成了四个不同的标识符 A、B、C 和 D,其对应的角度值分别为 0°、90°、180°和 270°。

设标识符 A 中仅有一个不透光的部分变窄,当动态度盘转动时,第一个光电传感器接收到该标识符时就开始计数,直至另一个光电传感器接收到该标识符信息时停止计数,这样就可获得相位差大数 $n\phi_0$,其他几个标识符用于检验,以保证大数的正确性。

②精测

当动态度盘转动时,两传感器 LS 和 LR 分别输出两信号 S 和 R(参见图 4.10 右侧)。如同测距仪中的数字测量相位原理,使该两信号经双稳态触发器得到相位差信号,并用 1.72 MHz 的脉冲填充,即可得到不足一个 ϕ_0 的角度值 $\Delta\phi$ 。

$$\Delta\phi = \frac{\Delta T}{T_0}\phi_0 \tag{4-8}$$

式中:T_0 ——动态度盘旋转过角度 ϕ_0 所用的时间;

ΔT ——转过 $\Delta\phi$ 所用的时间。

4)角度的电子测微技术

无论是编码度盘还是光栅度盘,直接测定角度值的精度很低。由于受到度盘直径、度盘刻制技术和光电读数系统的尺寸限制,如将一个度盘刻成 8 个编码轨道,已经是很不简单了,而其分辨率仅为 $360°/2^8 = 1.4°$,这样的分辨率远达不到角度测量的要求,光栅度盘也

是如此。各主要厂家的光栅线数及其分辨率见表4.4。

表4.4 各主要厂家的光栅线数及其分辨率

仪器	生产厂家	光栅数	分辨率(′)
TC1	瑞士 WILD	12500	1.728
E2	瑞士 KERN	20000	1.080
Geodimeter700	瑞典 AGA	20000	1.080
Elta2	德国 ZEISS	20000	1.080
VE ctron	美国 K&H	20000	1.080
HP3820A	美国 HP	960	5.270
GTS/CTS/DT	日本 TOPCON	16200	1.333
SET/SDM3 FR/DT	日本 SOMA	21600	1.000

由表4.4可见,仅仅靠电子度盘上刻制的分划无法达到角度测量的精度要求。因此在测量角度时,无论采用什么格式的电子度盘,都必须采用适当的角度电子测微器技术,提高角度分辨率,才能满足角度测量的精度要求。

角度的电子测微器技术是运用电子技术对交变的电信号进行内插,从而提高计数脉冲的频率,以达到细分的效果。

5)角度的具体施测过程

①角度测量的仪器参数设置

角度测量的主要误差是仪器的三轴误差(视准轴、水平轴、垂直轴),对观测数据的改正可按设置由仪器自动完成。

a. 视准差改正:仪器的视准轴和水平轴误差采用正、倒镜观测可以消除,也可由仪器检验后通过内置程序计算改正数自动加入改正。

b. 双轴倾斜补偿改正:仪器垂直轴倾斜误差对测量角度的影响可由仪器补偿器检测后通过内置程序计算改正数自动加入改正。

c. 曲率与折射改正:地球曲率与大气折射改正,可设置改正系数 $K=0.142$ 或 $K=0.200$(视线较低),通过内置程序计算改正数自动加入改正。

②垂直度盘的三种格式

垂直角度可根据需要显示三种不同的格式,一般选择(a),选择(c)比较直观。

a. 天顶距:望远镜垂直指向天顶为0°,顺时针至360°。

b. 水平0:望远镜水平为0°,逆时针至360°。

c. 水平0±90°:望远镜水平时为0°,上至+90°,下至-90°。

③出厂设置的三种单位

角度单位360°制(degree)、距离单位米(meter)、气象改正单位(ppm)、气压单位百帕(hPa)、温度单位摄氏度℃(Temp)。一般不需再设置,否则会出现观测数据或计算结果错误。

④测量角度

角度测量是测定测站点至两个目标(或多个目标)点之间的水平夹角,同时可以测定相应目标点的天顶距。如图4.11所示:O为测站点,A、B、C、D、E为目标点。观测方法步骤与光学经纬仪相同。

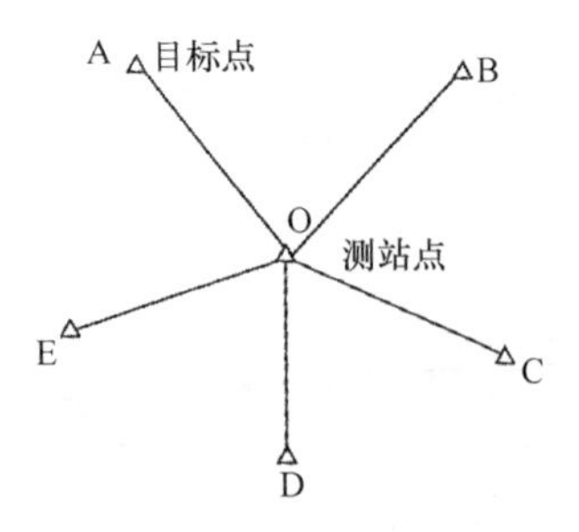

图4.11　角度测量

a. 在O点安置仪器,开机并进行度盘设置。

b. 将仪器望远镜瞄准目标点B。

c. 将起始方向B设置为零。

在水平角测量时可以将起始方向设置为零,也可以将起始方向设置成所需的方向值。

d. 精确瞄准第二目标C,则在屏幕上显示两个方向BOC的水平夹角和AC视线的天顶距。

4.2.2　全站仪的测距测量

距离测量也是无居民海岛使用测量中,使用全站仪测量的一项最基本的工作,同样也是进行三角高程测量、三维坐标测量、面积测量等的基础之一。电子测距装置是全站仪的组成之一,它主要负责距离的测量。因此,下面从电子测距的发展历程出发来介绍全站仪的测距测量的方法与原理。

随着各种新颖光源(激光、红外光等)的相继出现,物理测距技术也得到了迅速的发展,并出现了以激光、红外光和其他光源为载波的光波测距仪和以微波为载波的微波测距仪,通称为电磁波测距仪(光电测距仪),简称测距仪。光电测距与传统的钢尺或基线丈量距离相比,具有精度高、作业迅速、受气候及地形影响小等优点。

(1)测距仪的测程和测距精度

测距仪是利用电磁波作为载波和调制波进行测量长度的一门技术。其主要技术指标为测程和测距精度。

①测距仪的测程

测距仪一次所测得的最远距离称为测距仪的测程。一般认为:

a. 短程测距仪——测程在5 km以内;

b. 中程测距仪——测程在5~30 km;

c. 远程测距仪——测程在30 km以上。

②测距仪的测距精度

测距仪的测距精度是仪器的重要技术指标之一。测距仪的测距精度为:

$$m_D = \pm(a + b \times 10^{-6}D) \tag{4-9}$$

式中:m_D——测距中误差,mm;

a——固定误差,mm;

b——比例误差；

D——距离，km。

RED mini 短程红外测距仪的测距精度为

$$m_D = \pm (5mm + 5 \times 10^{-6} D)$$

当距离 D 为0.6 km 时，测距精度是 $m_D = \pm 8mm$ 。

(2)测距的基本原理

测距仪是通过测量光波在待测距离 D 上往返传播的时间 t_{2D} 来计算待测距离 D 的，如图4.12所示。

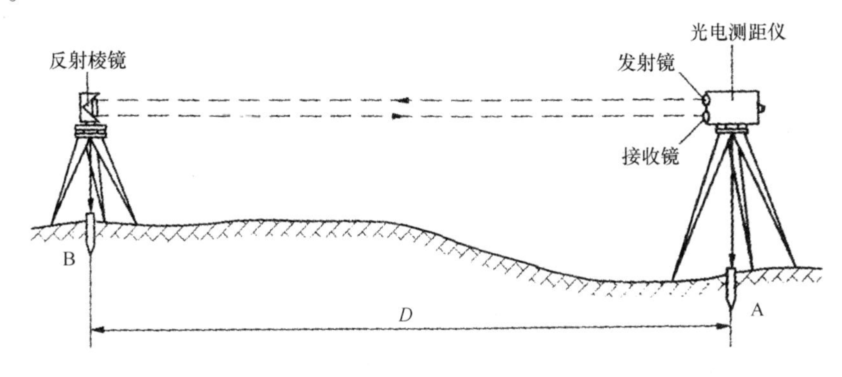

图4.12　测距的基本原理

在A点安置光电测距仪，B点安置反射棱镜，测距仪发射的光波经反射棱镜反射后，被测距仪所接收，测量出光波在A、B之间往返传播的时间 t。利用光波在空气中的传播速度约30万 km/s 这一特性，则：

$$D = \frac{1}{2} C t_{2D} \tag{4-10}$$

式中：C——光在大气中的传播速度，约30万 km/s。

由式(4-10)可知，光电测距仪测距的关键是测定测距信号(光波)在两点之间往返传播的时间 t_{2D} 。若时间有 $1\mu s(10^{-6}s)$ 的误差，距离就会有150 m 的误差，所以光电测距仪对时间的要求非常高。只要能精确地测出电磁波往返传播的时间 t_{2D} ，就可以求出距离 D。

按测定时间 t_{2D} 的方法，电磁波测距仪主要分为以下两种类型：

a. 脉冲式测距仪。它是直接测定仪器发出的脉冲信号往返于被测距离的传播时间 t，进而按式(4-10)求得距离值的一类测距仪。

b. 相位式测距仪。它是测定仪器发射的测距信号往返于被测距离的滞后相位 ϕ 来间接推算信号的传播时间 t，从而求得所测距离的一类测距仪。

因为

$$t_{2D} = \frac{\phi}{\omega} = \frac{\phi}{2\pi f} \tag{4-11}$$

所以

$$D = \frac{1}{2} C \times \frac{\phi}{2\pi f} = \frac{C\phi}{4\pi f} \tag{4-12}$$

式中：f——调制信号的频率。

根据式(4-12)，取 $C = 3 \times 10^8$ m/s、$f = 15$ MHz，当要求测距误差小于1 cm 时，通过计算

可知:用脉冲法测距时,计时精度须达到0.667×10 $^{-10}$s;而用相位法测距时,测定相位角的精度达到0.36°即可。目前,欲达到10 $^{-10}$s的计时精度,困难较大,而达到0.36°的测量相位精度则易于实现。所以,当前电磁波测距仪中相位式测距仪居多。

(3)脉冲法测距的基本原理

脉冲法测距就是直接测定仪器所发射的脉冲信号往返于被测距离的传播时间,从而得到待测距离。图4.13为其工作原理框图。

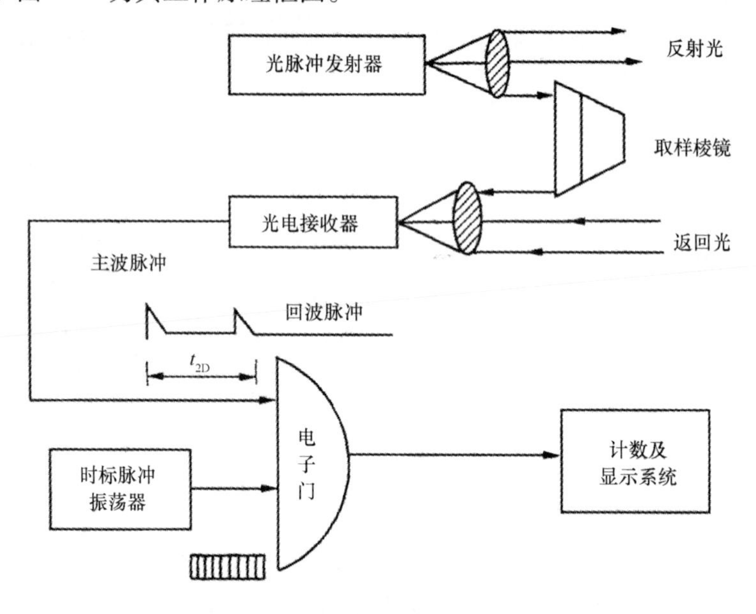

图4.13　脉冲法测距的基本原理

由光电脉冲发射器发射出一束光脉冲,经发射光学系统投射到被测目标。与此同时,由棱镜取出一小部分光脉冲送入光电接收系统,并由光电接收器转换为电脉冲(称为主脉冲波),作为计时的起点;从被测目标反射回来的光脉冲也通过光电接收系统后,由光电接收器转换为电脉冲(也称回脉冲波),作为计时的终点。可见,主脉冲波和回脉冲波之间的时间间隔是光脉冲在测线上往返传播的时间 t_{2D} ,而 t_{2D} 是通过计数器并由标准时间脉冲振荡器不断产生的具有时间间隔(t)的电脉冲数 n 来决定的。

因为

$$t_{2D} = nt \tag{4-13}$$

则

$$D = \frac{C}{2}nt = nd \tag{4-14}$$

式(4-14)中,n 为标准时间脉冲的个数; $d = \frac{C}{2}t$,即在时间 t 内,光脉冲往返所走的一个单位距离。所以,只要事先选定一个 d 值(例如10 m、5 m、1 m等),记下送入计数系统的脉冲数目,就可以直接把所测距离($D=nd$)用数码显示器显示出来。

目前的脉冲式测距仪,一般用固体激光器作光源,能发射出高频率的光脉冲,因而这类仪器可以不用合作目标(如反射器),直接用被测目标对光脉冲产生的漫反射进行测距,在地形测量中可实现无人跑尺,从而减轻劳动强度,提高作业效率,特别是在悬崖陡壁的地方进行地形测量,此种仪器更具有实用意义。

(4)相位法测距的基本原理

所谓相位法测距就是通过测量连续的调制信号在待测距离上往返传播产生的相位变化来间接测定传播时间,从而求得被测距离。图4.14表示其工作原理。

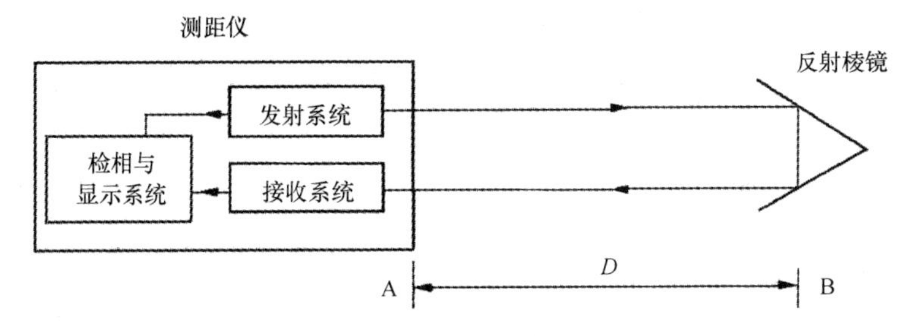

图4.14 相位式测距的基本原理

如图4.14所示,由测距仪发射系统向反射棱镜方向连续发射角频率 ω 的调制光波,并由接收系统接收反射回来的光波,然后由检相器对发射信号相位和接收信号相位进行相位比较,并测出相位移 $\varphi = \omega t_{2D} = 2\pi f t_{2D}$,根据 $\varphi = \omega t_{2D} = 2\pi f t_{2D}$ 可间接推算时间 $\varphi = \omega t_{2D} = 2\pi f t_{2D}$,从而计算距离。由物理学知:

$$\varphi = \omega t_{2D} = 2\pi f t_{2D} \tag{4-15}$$

则

$$t_{2D} = \frac{\varphi}{2\pi f} \tag{4-16}$$

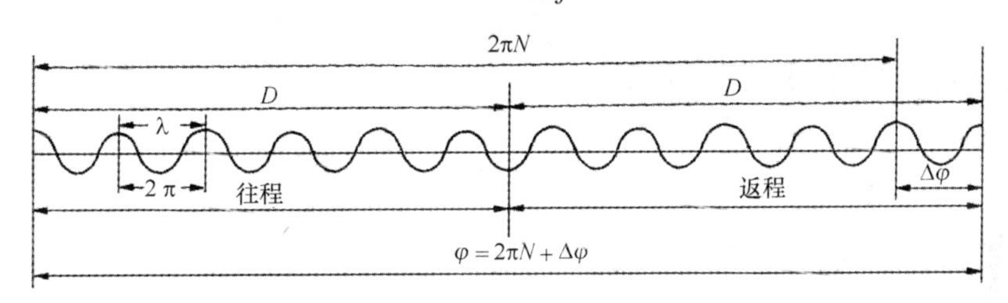

图4.15 正弦波展开后的图形

如图4.15所示,他是将返程的正弦波以棱镜站为中心对称展开后的图形。

我们知道,正弦光波振荡一个周期的相位移是 2π ,设发射的正弦光波经过 $2D$ 距离后的相位移为 2π ,则 2π 可以分解为 n 个 2π 整数周期和不足一个整数周期的相位移 $\Delta\phi$ 。即

$$\varphi = 2\pi N + \Delta\varphi \tag{4-17}$$

所以

$$t_{2D} = \frac{2\pi N + \Delta\varphi}{2\pi f} \tag{4-18}$$

则

$$D = \frac{c}{2f}\left(N + \frac{\Delta\varphi}{2\pi}\right) = \frac{\lambda}{2}(N + \Delta N) \tag{4-19}$$

式中(4-19)中, $\Delta N = \frac{\Delta\varphi}{2\pi}$, $0 < \Delta N < 1$, λ 为调制波波长。

由此可知,相位式测距相当于使用一把长度为 $\lambda/2$ 的光电尺子去丈量距离,由 N 个整尺长度加上不足1个整尺的余长就是被测距离。

取 $C = 3 \times 10^8$ m/s ,则不同的调制频率 f 对应的测尺长见表4.5。可见,调制频率越大,

测尺长度越短，测距精度越高。

表 4.5　不同的调制频率对应的测尺长

测尺频率	15 MHz	1.5 MHz	150 kHz	15 kHz	1.5 kHz
测尺长度	10 m	100 m	1 km	10 km	100 km
精度	1 cm	10 cm	1 m	10 m	100 m

由于检相器只能测出不足一个整周期的相位移 $\Delta\phi$，无法测定整周期数 N（整相位 $\lambda/2$ 的个数），从而使式（4－19）计算值便产生多值，使距离 D 无法确定。只有待测距离长度小于 $\lambda/2$ 时，才能得到确定的距离值。为了求得完整距离，在测距仪上采用多把测尺（多个调制频率）的方法来解决，即相当于设置 n 把长度不同、最小分划读数值也不同的尺子，将它们组合使用就能获得单一的精确距离。每台测距仪可根据仪器的最大测距与精度要求，设置调制频率的个数，即选定测尺个数和测尺精度。对于短程测距仪，一般采用两个测尺频率。若待测的距离比较大，还需加第三把测尺。不同测尺频率的组合过程，由测距仪的微处理器自动完成，并输送到显示器直接显示测距结果。常用的测尺频率方式见表 4.6。

表 4.6　常用的测尺频率方式

间接测尺频率 f_i	相当测尺频率 f_s	测尺长度	测尺精度
$f_1 = 15$ MHz	$f_1 = 15$ MHz	10 m	1 cm
$f_2 = 0.9f_1$	$f_{s2} = f_1 - f_2 = 1.5$ MHz	100 m	10 cm
$f_3 = 0.99f_1$	$f_{s3} = f_1 - f_3 = 150$ kHz	1 km	1 m
$f_4 = 0.999f_1$	$f_{s4} = f_1 - f_4 = 15$ kHz	10 km	10 m
$f_5 = 0.9999f_1$	$f_{s5} = f_1 - f_5 = 1.5$ kHz	100 km	100 m

（5）全站仪无棱镜测距原理

无棱镜测距又称为无接触测距，是指全站仪发射的光束经过自然表面反射后直接测距。在特殊点或危险点的测量中有着广泛的应用，不仅使作业强度和危险性大大降低，而且对被测量目标起到一定的保护作用。常见的无棱镜全站仪参数见表 4.7。

表 4.7　常见无棱镜全站仪

仪器型号	Trimble5600	SETx110R	GPT－8000A	TCRA
测程（m）	600	85	120	80
测距精度	$\pm(3\ \text{mm} + 3\times10^{-6}D)$	$\pm(5\ \text{mm} + 2\times10^{-6}D)$	$\pm(5\ \text{mm} + 2\times10^{-6}D)$	优于 3 mm

TCRA 全站仪无棱镜测距的基本原理是在全站仪测距头中安装有两个同轴的发射管，一种是 IR（Infra Red）测距方式，可以发射利用棱镜和反射片进行测距的红外光束，波长为 780 mm，单棱镜测距为 3 000 m；另一种是 RL（Red Laser）测距方式，可以发射可见的红色激光束，波长为 670 mm，无棱镜全站仪的测距可达到 80 m。两种测量模式可以通过键盘操作控制内部光路进行切换，由此引起的不同常数改正会有系统自动修正后对测量结果进行改正，两种方法均为相位法测距原理。精测频率为 100 MHz，精测尺长为 15 m。

由于相位法测距采用很细的激光束，就可以完成测量任务，使得相邻非常近的两个点位也能被准确地测定出来，因此有棱镜测距和无棱镜测距具有几乎相等的测距精度。

TCRA 采用激光作为发光源，提供了更强大的信号功率来进行无棱镜测距，其准确度采用动态频率校正技术来保证，在 100 m 范围内进行无棱镜测距，5 000 m 以上的距离用单棱镜测距，精度仍可达到 $\pm(3\ \text{mm} + 3\times10^{-6}D)$。

(6)距离的具体实测过程

对于常规全站仪距离测量，必须要有与全站仪配套的合作目标，即反光棱镜。由于电子测距为仪器中心到棱镜中心的倾斜距离，因此仪器站和棱镜站均需要精确对中、整平。而对于无棱镜全站仪距离测量，只需对仪器站精确对中、整平。在距离测量前应进行气象改正、棱镜类型选择、棱镜常数改正、测距模式的设置和测距回光信号的检查，然后才能进行距离测量。仪器的各项改正是按设置仪器参数，经微处理器对原始观测数据计算并改正后，显示观测数据和计算数据的。只有合理设置仪器参数，才能得到高精度的观测成果。

1)测距参数设置的选择

①测距参数的三项改正

a. 气象改正：由于仪器是利用红外光测距，光束在大气中的传播速度因大气折射率的不同而变化，而大气折射率与大气的温度和气压有关。仪器设计是在温度 T = 15℃，标准大气压 P = 1 013 hPa(760 mmHg)时气象改正数为 0 ppm。气象改正数可以输入温度、气压值由仪器自动计算，也可以直接输入 ppm 值进行设置。

b. 棱镜常数改正：根据使用的棱镜型号输入常数值进行设置，一般 $PC = -30$ mm。

c. 仪器加常数改正：仪器加常数是由于仪器和棱镜的机械中心与光电中心不重合而引起的，出厂时已调试为零。可根据检测结果加入棱镜常数一起改正。

②测距的三种模式

测距的三种模式包括精测(重复精测、平均精测、单次精测)、粗测(重复粗测、单次粗测)、跟踪测量。在使用中一般选择重复精测，其他测距模式精度较低，但可以节省观测时间和电池用量。

③测距的三种类型

测距的三种类型包括倾斜距离、平面距离、高差。一般选择倾斜距离，需要时可按[切换]键，显示倾斜距离、平面距离、高差。

④合作目标的两种类型

合作目标包括棱镜测距、反射片测距两种类型。棱镜和反射片的设置一定要注意，否则将无法测距。一般设置为棱镜测距。

⑤距离测量参数的设置

根据测量需要设置测距参数，包括测距模式、温度、气压、气象改正等。

2)测量距离

测距参数设置完成，即可进入测量模式，进行距离测量，可根据测量需要，改变测距类型。

4.2.3 全站仪的三维坐标测量

地表形态和建筑物形状是由许多特征点构成的，在进行无居民海岛使用测量时，需要测定许多特征点(也称碎部点)的平面位置和高程，使用全站仪的三维坐标测量和内存功能与绘图软件结合可实现地形图的数字化，从而减少工作量，提高工作效率。

(1)平面坐标测量

1)坐标测量的原理

坐标测量(也称坐标正算)是根据已知点的坐标、已知边的坐标方位角,计算未知点的坐标的一种方法。全站仪坐标测量原理是用极坐标法直接测定待定点坐标,其实质是在已知测站点同时采集角度和距离经微处理器实时进行数据处理,由显示器输出测量结果。施测时,可测记空气压强(P)和温度(T),输入仪器气象参数,由仪器进行自动改正。数据处理的数学模型为(如图4.16所示):

$$\left.\begin{aligned} X_P &= X_A + D\cos(\alpha_{AB} + \beta) \\ Y_P &= Y_A + D\sin(\alpha_{AB} + \beta) \end{aligned}\right\} \tag{4-20}$$

式中:D——所测的平距,$D = S\cos\alpha$,其中α为方向AP的垂直角,S为方向AP的斜距;

X_P、Y_P——待定点坐标;

X_A、Y_A——已知点坐标;

α_{AB}——起始边AB的坐标方位角;

β——所测方向与起始方向间的左角值。

2)精度分析

如不考虑起始点的坐标误差,对式(4-20)微分并转化为中误差形式,则:

$$\left.\begin{aligned} m_{xP}^2 &= \cos^2(\alpha_{AB} + \beta)m_D^2 + D^2\sin^2(\alpha_{AB} + \beta)m_\beta^2/\rho^2 \\ m_{yP}^2 &= \sin^2(\alpha_{AB} + \beta)m_D^2 + D^2\cos^2(\alpha_{AB} + \beta)m_\beta^2/\rho^2 \end{aligned}\right\} \tag{4-21}$$

式中:m_D——测距中误差;

m_β——测角中误差;

$\rho = 206\ 265''$。

待定点P的点位误差:

$$m_P^2 = m_{xP}^2 + m_{yP}^2 = m_D^2 + D^2 m_\beta^2/\rho^2 \tag{4-22}$$

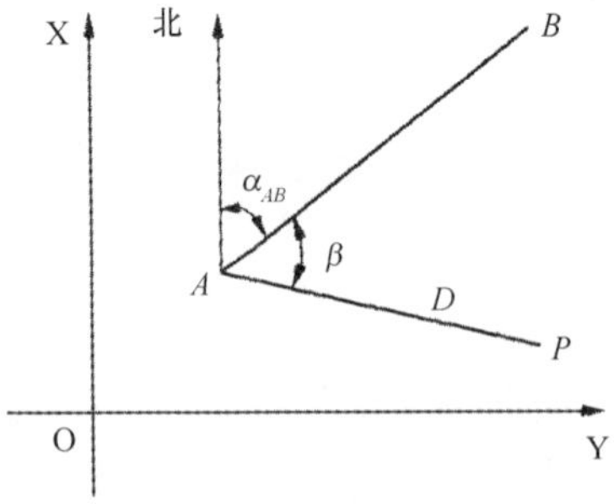

图4.16 坐标测量

由式(4-22)可以看出,待定点的点位误差与仪器的测距精度、测角精度和待定点至测站点的距离成正比。当测角、测距精度一定时,距离愈大,待定点的点位误差也愈大。要提高点位测量的精度,必须提高水平角的测角精度,缩短待定点至测站点的距离。考虑到全站仪对中误差m_{e1}和棱镜对中误差m_{e2}对点位精度的影响,则有:

$$m_P^2 = m_D^2 + D^2 m_\beta^2/\rho^2 + m_{e1}^2 + m_{e2}^2 \tag{4-23}$$

(2)高程测量

1)高程测量原理

全站仪高程测量原理与三角高程法测量高度的原理相同。基本思想是根据由测站向照准点所观测的竖角(或天顶距)和它们之间的水平距离,计算测站点与照准点之间的高差。这种方法简便灵活,受地形条件的限制较少。

如图 4.17 所示,在地面上 A、B 两点间测定高差 h_{AB},A 点设置仪器,在 B 点竖立标尺:

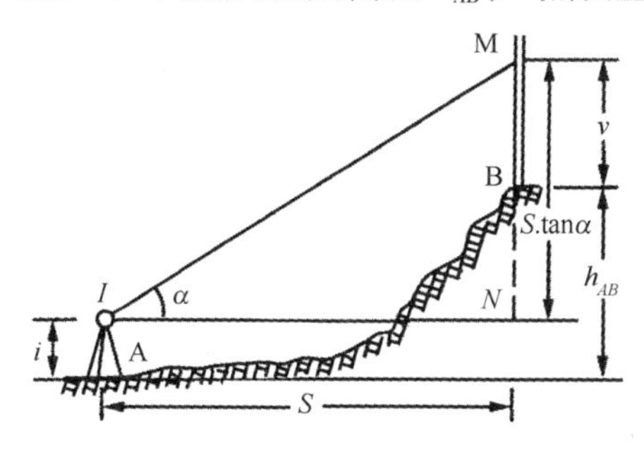

图 4.17　三角高程法测量高程原理

量取望远镜旋转轴中心,至地面点上 A 点的仪器高 i,用望远镜中的十字丝的横丝照准 B 点标尺上的一点 M,它距 B 点的高度称为目标高 v,测出倾斜视线 IM 与水平视线 IN 间所夹的竖角 α,若 A、B 两点间的水平距离已知为 S,则由图 4.17 可得两点间高差 h_{AB} 为:

$$h_{AB} = S \cdot \tan\alpha + i - v \tag{4-24}$$

若 A 点的高程已知为 H_A,则 B 点高程为:

$$H_B = H_A + h_{AB} = H_A + S \cdot \tan\alpha + i - v \tag{4-25}$$

具体应用上式时要注意竖角的正负号,当 α 为仰角时取正号,相应的 $S \cdot \tan\alpha$ 也为正值,当 α 为俯角时取负号,相应的 $S \cdot \tan\alpha$ 也为负值。

若在 A 点设置全站仪(或经纬仪 + 光电测距仪),在 B 点安置棱镜,并分别量取仪器高 i 和棱镜高 v,测得两点间斜距 D 与竖角 α 以计算两点间的高差,称为光电测距三角高程测量。A、B 两点间的高差可按下式计算:

$$h_{AB} = D \cdot \sin\alpha + i - v \tag{4-26}$$

凡仪器设置在已知高程点,观测该点与未知高程点之间的高差称为直觇;反之,仪器设在未知高程点,测定该点与已知高程点之间的高差称为反觇。

2)精度分析

如不考虑起始点的坐标误差,对式(4-24)微分并转化为中误差形式,则:

$$m_{HP}^2 = (S\cos\alpha m_\alpha/\rho)^2 + (\sin\alpha m_S)^2 + m_i^2 + m_v^2 \tag{4-27}$$

式中:m_S ——测距中误差;

m_α ——垂直角观测中误差;

m_i ——仪器高丈量中误差;

m_v ——棱镜高丈量中误差。

由式(4-27)可以看出,待定点的高程中误差与仪器的测距中误差、垂直角观测中误差和待定点至测站点的距离成正比。当测角、测距精度一定时,距离愈大,待定点的高程中误差也愈大。要提高高程测量的精度,必须提高垂直角的测角精度,缩短待定点至测站点的距离。

3)观测步骤

三维坐标测量的观测步骤如下：

a. 安置仪器(对中、整平),选择测站点、后视点；

b. 输入测站点的已知坐标值、仪器高、棱镜高；

c. 输入后视点的已知坐标值或后视点的方位值；

d. 精确瞄准后视点后,确认；

f. 精确瞄准目标点后,选择测量功能；

g. 屏幕显示目标点的三维坐标值,记录或存储；

h. 重复步骤 f、g。

4.2.4 全站仪的面积测量

在无居民海岛使用测量中,对岛陆、岸滩、植被、建筑物和设施面积的测量归纳起来大致可以分为两类。一类为直接计算面积法,它是依据实地测量获得坐标数据或在已有地形图上量测获得的坐标数据,利用解析法直接计算图形面积,其主要适用于实地为相对规则的地物,如建筑物和设施的投影面面积;另一类为通过数字高程模型模拟计算获得,如岛陆的自然表面形态面积。其中,第一类中需要实测的坐标数据主要采用全站仪和 GPS 进行测量。下面将介绍全站仪的面积测量原理。

全站仪面积测量原理与方法如图 4.18 所示,1、2、3、4 为任意四边形,欲测定其面积,可在适当位置 O 点安置全站仪,选定面积测量模式后,按顺时针方向分别在四边形各顶点 1、2、3、4 上竖立反射棱镜,并进行观测。观测完毕仪器就会瞬时地显示出该四边形的面积值。同法可以测定出任意多边形的面积。

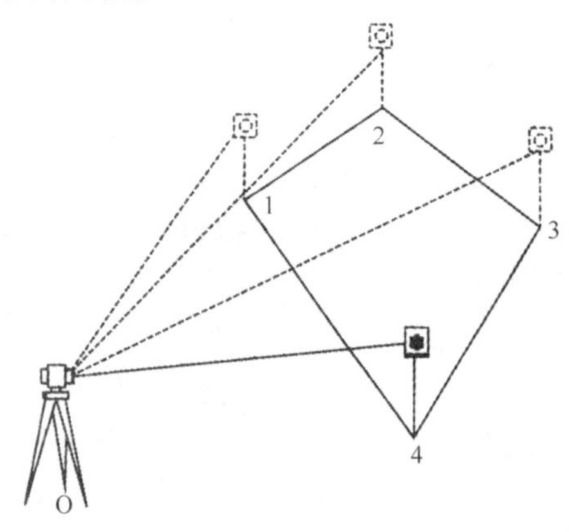

图 4.18 全站仪面积测量

全站仪的面积测量原理为:通过观测多边形各顶点的水平角 β_i、垂直角 α_i 以及斜距 S_i,先由观测数据自动计算出各顶点在测站坐标系 XOY 中的坐标(x_i,y_i)。x 轴指向水平度盘 0°分划线,原点位于测站点 O 的铅垂线上,y 轴垂直于 x 轴。如图 4.19 所示。

$$\left.\begin{aligned} x_i &= S_i\cos\alpha_i\cos\beta_i \\ y_i &= S_i\cos\alpha_i\sin\beta_i \end{aligned}\right\} \qquad (4-28)$$

然后利用坐标值自动计算并显示被测 n 边形的面积 P:

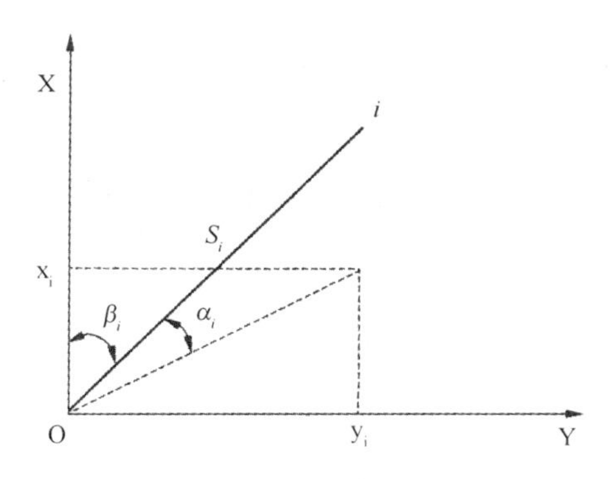

图 4.19　面积测量原理

$$P = \frac{1}{2}\sum_{i=1}^{n} x_i(y_{i+1} - y_{i-1})$$

或

$$P = \frac{1}{2}\sum_{i=1}^{n} y_i(x_{i-1} - x_{i+1}) \tag{4-29}$$

式(4－29)中：当 $i=1$ 时，$y_{i-1} = y_n$，$x_{i-1} = x_n$；当 $i=n$ 时，$y_{i+1} = y_1$，$x_{i+1} = x_1$。

(2)精度分析

由式(4－29)，根据误差传播定律可得面积测量中误差 m_P：

$$m_P = m_i\sqrt{\frac{1}{8}[(x_{i+1} - x_{i-1})^2 + (y_{i+1} - y_{i-1})^2]} \tag{4-30}$$

式中 m_i ——点位中误差。

因此，当被测图形已定时，全站仪的面积测量精度取决于多边形各顶点的点位测定精度。对式(4－30)进行全微分可得：

$$\left.\begin{aligned} dx_i &= \cos\alpha_i\cos\beta_i dS_i - S_i\cos\beta_i\sin\alpha_i\frac{d\alpha_i}{\rho} - S_i\cos\alpha_i\sin\beta_i\frac{d\beta_i}{\rho} \\ dy_i &= \cos\alpha_i\sin\beta_i dS_i - S_i\sin\beta_i\sin\alpha_i\frac{d\alpha_i}{\rho} - S_i\cos\alpha_i\cos\beta_i\frac{d\beta_i}{\rho} \end{aligned}\right\}$$

转换为中误差，则：

$$\left.\begin{aligned} m_{x_i}^2 &= \cos^2\alpha_i\cos^2\beta_i m_{S_i}^2 + S_i^2\cos^2\beta_i\sin^2\alpha_i\frac{m_{\alpha_i}^2}{\rho^2} + S_i^2\cos^2\alpha_i\sin^2\beta_i\frac{m_{\beta_i}^2}{\rho^2} \\ m_{y_i}^2 &= \cos^2\alpha_i\sin^2\beta_i m_{S_i}^2 + S_i^2\sin^2\beta_i\sin^2\alpha_i\frac{m_{\alpha_i}^2}{\rho^2} + S_i^2\cos^2\alpha_i\cos^2\beta_i\frac{m_{\beta_i}^2}{\rho^2} \end{aligned}\right\}$$

从而可得点位中误差：

$$m_i^2 = m_{x_i}^2 + m_{y_i}^2 = \cos^2\alpha_i m_{S_i}^2 + S_i^2\sin^2\alpha_i\frac{m_{\alpha_i}^2}{\rho^2} + S_i^2\cos^2\alpha_i\frac{m_{\beta_i}^2}{\rho^2} \tag{4-31}$$

因 $\cos^2\alpha_i \leqslant 1$、$m_{\alpha_i} = m_{\beta_i}$，所以有：

$$m_i^2 \leqslant m_{S_i}^2 + S_i^2\frac{m_{\alpha_i}^2}{\rho^2}$$

即

$$m_i \leqslant \pm\sqrt{m_{S_i}^2 + S_i^2\frac{m_{\alpha_i}^2}{\rho^2}} \tag{4-32}$$

现设 $m_{S_i} = \pm(2 + 2 \times 10^{-6} S_i)mm$，$m_{\alpha_i} = \pm 2''\sqrt{2} = \pm 3''$，取不同的 S 值代入式(4－32)计算点位中误差，其部分结果列于表4.8中。

表4.8　距离与点位误差的关系

S(m)	100	300	650	1 000
m_i(mm)	±2.64	±5.08	±10.01	±15.08

从式(4－32)和表4.8中不难看出：一旦选定了全站仪，其点位测定的精度仅仅取决于测点距测站的远近，测点距测站越远，精度越低；当斜距小于1 km时，点位精度可以达到三等界址点的精度(±0.15 m)要求；当斜距小于650 m时，可以达到二等界址点的精度(±0.10 m)要求；斜距小于300 m时，则可以达到一等界址点的精度(±0.05 m)要求。

因此，全站仪的面积测量完全可以满足无居民海岛使用测量中的面积测量要求。同时，为了提高全站仪面积测量的精度，应注意以下几点：

a. 测站点应尽量靠近被测多边形，尽量减少距离长度；

b. 条件允许时，把全站仪安置在多边形内部的中点最佳，尽量使各点的距离长度相等；

c. 观测时，各测点必须按相同的顺序编号(顺时针或逆时针方向)，否则计算结果不正确；

d. 测点少于3个点时，会出现错误。

4.3　全站仪的补偿器原理

全站仪补偿器是测量仪器由光学型(经纬仪)转向光电型(全站仪)后出现的一种全新的误差改正器件，用传统的光学经纬仪的思路来理解全站仪是不对的，只有对补偿器的基本原理有了一定的认识，才能在无居民海岛使用测量中更好地使用全站仪，以便提高测量精度和减小劳动强度。

4.3.1　全站仪的三轴误差

全站仪三轴的关系同光学经纬仪一样，包括垂直轴(竖轴)、水平轴(横轴)和视准轴，由于三轴的关系不正确引起的测角误差简称仪器的三轴误差。

(1)视准轴误差

视准轴误差 c 是由视准轴和横轴之间不垂直所引起的误差，又称照准误差。其主要原因是由于安装和调整不当，望远镜的十字丝偏离了正确的位置，它是一个定值。此外，外界温度的变化也会引起视准轴的变化，而且这个变化是一个不定值。若令 Δc 为视准轴误差 c 对水平方向观测读数的影响，则有：

$$\Delta c = \frac{c}{\cos\alpha} \tag{4-33}$$

显然，Δc 与视准轴误差 c 成正比，且随着目标点的垂直角度 α 的增大而增大。

(2)水平轴误差

水平轴误差 i 是由水平轴和垂直轴之间不垂直所引起的倾斜误差，又称为水平轴倾斜误差。其主要原因是安装或调整不完善，支撑水平轴的二支架不等高和水平轴两端的直径不等。由于仪器存在着横轴误差，当仪器整平后垂直轴垂直，水平轴就不水平，这就会对水平方向造成观测误差。若令 Δi 为横轴倾斜误差 i 对水平方向观测读数的影响，则有：

$$\Delta i = i\tan\alpha \tag{4-34}$$

显然，Δi 的大小不仅与 i 角的大小成正比，而且与目标点的垂直角有关。

(3) 垂直轴误差

垂直轴误差 v，是由仪器的垂直轴偏离铅垂位置所引起的误差，又称为垂直轴倾斜误差。其主要原因是仪器整平不完善、垂直轴晃动、土质松软引起脚架下沉或因振动、温度和风力等因素的影响而引起脚架移动等。若令 Δv 为垂直轴倾斜误差 v 对水平方向观测读数的影响，则有：

$$\Delta v = v\cos\beta\tan\alpha \tag{4-35}$$

显然，垂直轴倾斜误差对水平方向值的影响不仅与垂直轴倾斜角 v 有关，而且随照准目标的垂直角度和观测目标的方位不同而不同。

在测量工作中，以上三种误差同时存在，前两种误差采用盘左、盘右读数取平均的方法可以消除，而垂直轴的倾斜误差对水平角和垂直角的影响不能消除。

4.3.2　垂直轴倾斜误差的影响

垂直轴的倾斜实际上可分解为两种形式，一种是在望远镜的视准轴方向（x 轴）的倾斜，另一种则是在与 x 轴垂直的横轴方向（y 轴）的倾斜。若不是正对 x 轴和 y 轴倾斜，根据几何关系可以将倾斜方向解析到 x 轴和 y 轴上，如图 4.20 所示。纵向（x 轴）倾斜误差影响垂直角的测量，其倾斜量将引起 1∶1 的垂直角误差。横向（y 轴）的倾斜误差影响水平角的测量。

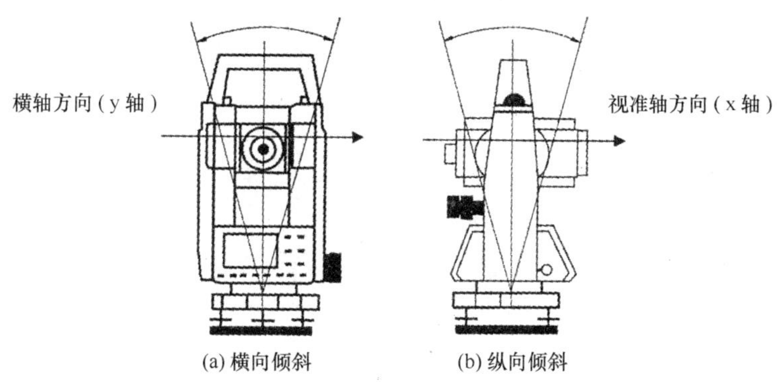

图 4.20　倾斜方向示意图

假设测量中仪器的垂直轴倾斜在 x 轴的方向为 φ_x，y 轴的方向为 φ_y，那么存在以下函数关系：

$$\left.\begin{aligned} &\text{垂直度盘读数的误差} = \phi_x \\ &\text{水平度盘读数的误差} = \phi_y, \cot V_K \quad (V_K = V_0 + \phi_x) \end{aligned}\right\} \tag{4-36}$$

式中：φ_x ——垂直轴倾斜在视准轴方向（x 轴）的分量；

φ_y ——垂直轴倾斜在横轴方向（y 轴）的分量；

V_K ——仪器显示的天顶距；

V_0 ——电子垂直度盘显示的天顶距。

从式（4-36）中可看出：

a. 水平角的误差与测得的天顶距的大小有关。

b. 假设y轴的倾斜为一个定量，水平角度的观测误差随着望远镜的倾角大小而变化。在天顶距接近90°(水平方向)时，水平角的误差趋近于0，就是说此时没有误差；但在接近天顶(0°)而又未达到天顶时，此时的误差较大。

c. 当倾角一定时，y轴的倾斜量越大(即φ_y越大)，水平角的误差就越大。比如：若y轴倾斜30″，即$\varphi_y = 30''$，当望远镜转动到天顶距为25°位置时，水平角的误差大约为64″，即大约有1′的误差。

d. 由于cot V_K是奇函数，当水平方向制动上下转动望远镜时，误差数值仅改变符号，倾角接近天顶和天底就会有较大的误差。

4.3.3 补偿器的目的和作用

在测量工作中，有许多方面的因素影响着测量的精度，其中仪器的三轴误差是诸多误差源中最重要的因素。为了减少测量误差，人们经常采用盘左、盘右观测求平均值的方法，但这个过程比较麻烦，需要多花费一些时间，且容易导致操作上的错误。在许多应用工程中，测量精度的要求相对较低，如在一般建筑施工测量中，单镜位观测就能够满足精度要求；另外，由于担任许多定位和测量任务的人员没有经过更多的有关测量技术方面的培训，这就给仪器提出了更高的要求，即应尽可能方便使用，自动减少三轴误差的影响。

因此，补偿器的目的就是减少仪器的三轴误差对观测数据的影响。补偿器的作用就是通过检测仪器垂直轴倾斜在x轴和y轴上的分量信息，自动对测量值进行改正，从而提高采集数据的精度。

4.3.4 补偿器的应用

(1)补偿器的使用

在使用全站仪补偿器的补偿功能时应注意：

a. 在使用全站仪时，当水平方向制动螺旋制动，垂直方向转动望远镜时，水平度盘读数会不断地变化，这正是全站仪自动补偿改正的结果。

单轴补偿只能对垂直度盘读数进行改正，没有改正水平度盘读数的功能。当照准部水平方向固定，上下转动望远镜时水平角度读数不会变化。

b. 双轴补偿只能改正由于垂直轴倾斜误差对垂直度盘和水平度盘读数的影响。当照准部水平方向固定时，上下转动望远镜时水平角度读数仍然会发生变化；当补偿器关闭后，水平度盘读数不会变化。

c. 三轴补偿的全站仪是在双轴补偿器的基础上，用机内计算软件来改正因横轴误差和视准轴误差对水平度盘读数的影响。即使照准部水平方向固定，只要上下转动望远镜，水平度盘的读数仍会有较大的变化，而且与垂直角的大小、正负有关。

d. 全站仪补偿器的补偿功能提供了3种选择模式，即[双轴]、[单轴]、[关]。选择[关]即补偿功能不起作用，选择[单轴]只对垂直度盘读数进行补偿，选择[双轴]是对水平和垂直度盘读数均进行补偿。

e. 当测站点有振动、风大、低精度观测时，应关闭仪器的补偿功能。这样既可以节电又可以避免误补偿。

f. 全站仪的补偿范围一般为 ±3′,整平度超过此范围时起不到补偿作用。在天顶距接近天顶、天底 2°范围内,电子补偿器的补偿功能不起作用。

g. 由于显示的度盘读数中已包含仪器三轴误差的影响,因此在放样时需要特别注意。例如:放样一条直线时,不能采取与传统光学经纬仪相同的方法(只纵向转动望远镜),而应采取旋转照准部 180°的方法测试;当放样一条竖线时,应使用水平微动螺旋,使其水平角度显示的读数完全一致,而不能只简单地纵向转动望远镜。

h. 有些全站仪提供了电子整平的功能,当 X、Y 方向的倾斜值为零时,从理论上讲,此时转动望远镜水平角读数就不会发生变化,但有些仪器在进行上述操作后;水平角还会发生变化,这是因为这些全站仪的补偿值与垂直角大小有关。

i. 在水平角 0°时,用脚螺旋校正电子气泡居中,仪器水平转动 180°后,仍可能会偏移很多。即使 X、Y 分量值为零,如果不以照长气泡检验为准,就不能说明仪器垂直轴垂直,所以电子气泡的居中必须以长气泡的检验校正为准。

(2)补偿功能的检验

补偿功能的检验步骤如下:

a. 精确整平仪器。

b. 设置仪器的补偿功能为"开"状态。

c. 使望远镜水平并设置水平角显示为零,然后按一定的间隔上、下转动望远镜,读取水平方向值。水平方向值与零的差值即为自动补偿器的改正值。

4.4 全站仪的数据处理原理

全站仪的数据处理由仪器内部的微处理器接受控制命令后按观测数据及内置程序自动完成。要解决数据的自动传输与处理,首先要解决数据的存储方法。所以存储器是关键,它是信息交流的中枢,各种控制指令、数据的存储都离不开它。存储的介质有电子存储介质和磁存储介质,目前使用的大多是磁存储介质,因为它所构成的存储器在断电后存储的信息仍能保留。

4.4.1 存储器的基本结构

数据存储器由控制器、缓冲器、运算器、存储器、输入设备、输出设备、字符库、显示器等部分组成,如图 4.21 所示。

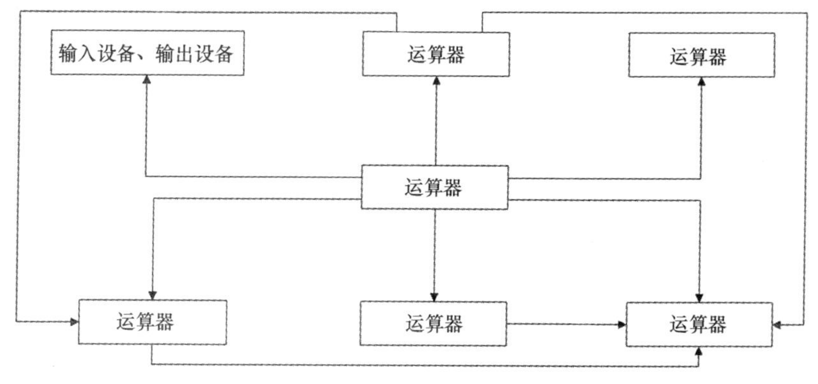

图 4.21 数据存储器的基本结构

a. 控制器:用于产生各种指令及时序信号。

b. 缓冲器:连接并驱动内外数据及地址。

c. 运算器:用于对数据进行计算及逻辑运算。

d. 存储器:用于存储观测数据、观测信息及固定控制程序。可分为随机存储器(RAM)和只读存储器(ROM)。

e. 输入设备、输出设备:数据输入、输出的关口,可以是自动传输的接口和手工输入的键盘。

f. 字符库:用于提供字母及数字等。

g. 显示器:用于输出信息。

4.4.2 全站仪的观测数据

全站仪尽管生产厂家、型号繁多,其功能大同小异,但原始观测数据只有电子测距仪测量的仪器到棱镜之间的倾斜距离(斜距);电子经纬仪测得的目标点的水平方向值、天顶距。电子补偿器检测的是仪器垂直轴倾斜在 X 轴(视准轴方向)和 Y 轴(水平轴方向)上的分量,并通过程序计算自动改正由于垂直轴倾斜对水平角度和垂直角度的影响。所以,全站仪的观测数据是水平角度、垂直角度、倾斜距离。仪器只要开机并瞄准目标,角度测量实时显示观测数据,其他测量方式实际上都只是测距并由这三个观测数据通过内置程序间接计算并显示出来的,称为计算数据。需要注意的是,所有观测数据和计算数据都只是半个测回的数据,因此在等级测量中,不能用内存功能,记录水平角、天顶距、倾斜距离这三个原始数据是十分必要的。

4.4.3 全站仪的数据处理

全站仪测距、自动补偿的数据处理在前面已部分介绍过,这里仅介绍测角部分的数据处理计算。

a. 具有三轴补偿的全站仪,用下述公式计算并显示度盘读数:

$$H_{ZT} = H_{Z0} + \frac{c}{\sin V_K} + (\phi_y + i) \times \cot V_K \tag{4-37}$$

$$V_K = V_0 + \phi_x \tag{4-38}$$

b. 在双轴补偿的情况下,式(4-37)、式(4-38)变为:

$$H_{ZT} = H_{Z0} + \phi_y \times \cot V_K \tag{4-39}$$

$$V_K = V_0 + \phi_x \tag{4-40}$$

c. 在单轴补偿的情况下,式(4-39)、式(4-40)变为:

$$H_{ZT} = H_{Z0} \tag{4-41}$$

$$V_K = V_0 + \phi_x \tag{4-42}$$

式中:H_{ZT}——仪器显示的水平方向值;

H_{Z0}——电子水平度盘的水平方向值;

ϕ_x——垂直轴倾斜在 X 轴的分量;

ϕ_y——垂直轴倾斜在 Y 轴的分量;

V_K——仪器显示的天顶距;

V_0——电子垂直度盘的天顶距;

i——水平轴误差；

v——电子垂直度盘的天顶距。

4.5 全站仪的操作及其使用注意事项

4.5.1 全站仪的操作

全站仪的操作步骤如下所述：

1）装入电池：向下按开关钮，打开电池护盖；将电池充足电插入，合上电池护盖，按下开关。

2）安置仪器（对中、整平）。

仪器的对中、整平（同一般经纬仪）：

①安置仪器：高度适中，使测点在视场内。

②强制对中：调节脚螺旋，使光学对点器中心与测点重合。

③粗略整平：调节三脚架，使圆水准气泡居中。

④精确整平：调节脚螺旋，使长水准气泡居中。

⑤精确对中：移动基座，精确对中（只能前后、左右移动，不能旋转）。

⑥重复④、⑤两步骤，直到完全对中、整平。

3）打开电源开关。

4）水平度盘、竖直度盘零位设置。

松开水平制动，水平方向旋转照准部360°至仪器发出一声鸣响，则水平度盘指标设置完毕。松开垂直制动，垂直方向旋转望远镜360°至仪器发出一声鸣响，则垂直度盘指标设置完毕。水平度盘和垂直度盘指标设置完毕后，显示出水平角度和垂直角度。若出现错误信息，表示仪器尚未整平，超出了倾角补偿范围，应重新整平至显出水平角和垂直角。

5）设置仪器参数，选择测量功能。

根据测量工作的具体内容，合理设置仪器参数，正确选择测量功能。

6）瞄准、观测和记录。

用望远镜观察一处明亮背景，调节目镜使十字丝清晰；调焦使目标清晰，十字丝中心精确对准目标中心。按测量键观测、记录（存储）。

4.5.2 全站仪使用中应注意的问题

全站仪与传统的测量仪器相比具有很多优点。但在使用过程中，人们往往过分地依赖和信任它并用传统的测量方式及习惯理解它，常常出现概念和操作错误；实质上它完全是按人们预置的作业程序及功能和参数设置进行工作的。在全站仪的使用中应注意如下几个问题。

（1）全站仪的测量功能

全站仪的测量功能可分为基本测量功能和程序测量功能。针对其不同的测量功能，应特别注意的是，只要开机，电子测角系统即开始工作并实时显示观测数据；其他测量功能只是测距及数据处理。全站仪的程序测量功能均为单镜位观测数据或计算数据。在地形测量和一般工程测量、施工放样测量中精度已足够；但在等级测量中仍需要按规范要求进行观测、检核、记录、平差计算等。

(2) 全站仪的度盘配置

光学经纬仪在进行等级测量时，为了消除度盘的分划误差，各测回之间需要进行度盘配置。因为光学仪器度盘上的分划是固定的，每一角度值在度盘上的位置固定不变。而电子仪器由于采用的是电子度盘，每一度盘的位置可以设置为不同的角度值。如仪器照准某一后视方向设置为0°，顺时针转动30°，显示角度为30°；再次照准同一个后视方向设置为30°，再顺时针转动30°，则显示角度变为60°，而电子度盘的位置实际上并未改变。所以使用时应注意，只要仪器在不同的测站点对中、整平后，对应电子度盘的位置已经固定；即使后视角度设置不同，角度值并不固定地对应度盘上某个位置，测量时无须进行度盘配置。

(3) 全站仪的正、倒镜观测

光学经纬仪采用正、倒镜的观测方法可以消除仪器的视准轴误差、水平轴倾斜误差、度盘指标差。全站仪虽然具有自动补偿改正功能，视准轴误差和度盘指标差也可通过仪器检验后的参数预置自动改正。但在不同的观测条件下，预置参数可能会发生变化导致改正数出现错误，另外仪器自动改正后的残余误差也会给观测结果带来影响。所以，在等级测量中仍需要正、倒镜观测，同样需要做记录、检核。

(4) 全站仪的左、右角观测

光学经纬仪的水平度盘刻度是顺时针编号，无论望远镜顺时针转动或逆时针转动，观测的角度均为右角。全站仪的右角观测（水平度盘刻度顺时针编号）是指仪器的水平度盘在望远镜顺时针转动时水平角度增加，逆时针转动时水平角度减少；左角观测则正好相反（水平度盘刻度顺时针编号）。电子度盘的刻度可根据需要设置左、右角观测（一般为右角）。这一点非常重要，在水平电子度盘设置时应特别注意，否则观测的水平角度会出现错误。如水平角实际为30°则显示为330°。特别是在平面坐标测量和施工放样测量中设置后视方位时，如果设置为左角就会出现测定点和测设点沿后视方位左右对称错位。如设置后视方位0°，顺时针转角90°时方位应为90°，而仪器显示的坐标是按270°方位计算的。

(5) 全站仪的放样功能

全站仪显示的度盘读数中已经对仪器的三轴误差影响进行了自动改正，因此在放样时需要特别注意。例如：放样一条直线时，不能采取与传统光学经纬仪相同的方法（只纵向转动望远镜），而应采取旋转照准部180°的方法测设；放样一条竖线时，应使用水平微动螺旋使水平角度显示的读数完全一致，而不能只简单地转动望远镜；因为望远镜的水平方向和垂直方向不同，补偿改正数的大小也不同。使用距离和角度放样测量、坐标放样测量时，注意输入测站点坐标、后视点坐标后再对测站点坐标进行一次确认，并测量后视点坐标与已知后视点坐标进行检核。

(6) 全站仪的补偿功能

仪器误差对测角精度的影响主要是由于仪器三轴之间关系的不正确造成的。光学经纬仪主要是通过对三轴之间关系的检验校正来减少仪器误差对测角精度的影响；而全站仪则主要是通过补偿改正实现的。最新的全站仪已实现了三轴补偿功能，三轴补偿的全站仪是在双轴补偿器的基础上，用机内计算软件来改正因横轴误差和视准轴误差对水平度盘读数的影响。即使当照准部水平方向固定，只要上下转动望远镜水平度盘的显示读数仍会有较大的变化，而且与垂直角的大小、正负有关。

(7) 全站仪的电子整平

全站仪的电子整平，当X、Y方向的倾斜均为零时，从理论上讲，当照准部水平方向固定上下转动望远镜时，水平度盘读数就不会发生变化；但有些仪器在进行上述操作后水平度盘读数仍会发生变化，这是因为全站仪补偿器有零点误差存在。所以在使用时应注意，对补偿器进行零点误差的检验和校正；电子气泡的居中必须以长水准气泡的检验校正为准，检验时先长水准气泡然后电子气泡。

(8) 全站仪的坐标显示

全站仪的坐标显示有两种设置方式，即 N、E、Z 和 E、N、Z。测量常用的坐标表示为 X、Y、H 与 N、E、Z 相同。如果设置错误就会造成测量结果的错误。如在一次测量带状地形图时，同时四个组作业，观测数据导入计算机后，发现一个组的数据与前后都对接不上，结果就是这个组的仪器坐标设置方式错误。

(9) 全站仪的存储器

全站仪的存储器分为内部和外部两种。内部存储器是全站仪整体的一个部分；而电子记录簿、存储卡、便携机则是配套的外围设备。目前，全站仪大多采用内部存储器对所采集的数据进行存储。如 SET500 全站仪的内存可存储多达 4 000 个测点的观测数据，对于一天的外业测量数据已经足够。外业工作结束后应及时传输数据；在数据的初始化前应认真检查所存储的数据是否已经导出，确认无误后方可进行。使用数据存储虽然省去了记录的麻烦，避免了记录错误，但存储器不能进行各项限差的检核，因此等级测量中不应使用存储器记录，仍需人工记录、检核。

(10) 全站仪的误操作

全站仪在操作过程中难免发生错误，无论在何种情况发生误操作均可回到基本测量模式，再进入相应的测量模式进行正确操作。角度测量模式除外的其他测量模式均为测距，如果没有信号可回到基本模式，再准确瞄准棱镜进行相应的测量工作，否则检查棱镜是否正对仪器。当视线接近正对太阳光时应加望远镜遮光罩，否则将无法测距。

(11) 全站仪的电池

目前，全站仪的电池大多是可充电的锂离子电池，使用中应注意以下几点：

a. 电池一定要在仪器对中整平前装好，以免因振动影响仪器的对中整平；关机后再取出，以免丢失数据。

b. 电源应在对中整平后打开，搬动仪器前关闭，因为全站仪的自动补偿器在倾斜状态耗电量特别大。

c. 距离测量的耗电量远远大于角度测量，测量过程中应尽量减少测距次数。特别在程序测量功能下，显示测量数据后应立即按停止，否则测距一直在进行。

d. 电池容量不足应及时停止测量工作，长期不用应每月充电一次。

e. 仪器长期不用应至少三个月通电检测一次，防止电子元器件受潮。

以上问题，在测量过程中只要观测者认真、仔细观察仪器的工作状态和数据显示内容，完全可以及时发现和避免错误发生。所以，只有掌握全站仪的工作原理、熟悉操作步骤、明确测量功能、合理设置仪器参数、正确选择测量模式，才能真正充分发挥全站仪在测量工作中的优势。

第5章　GPS系统简介及其测量

GPS(Global Positioning System)全球定位系统是一种可以定时和测距的空间交会定点的导航系统,可向全球用户提供连续、实时、高精度的三维位置、三维速度和时间信息。它是目前大地测量、工程测量,特别是海洋测绘的主要手段,也是无居民海岛使用测量的首选方法。本章就GPS全球定位系统及其测量进行详细的介绍。

5.1　GPS系统概述

从20世纪80年代起至今,随着GPS实验卫星和工作卫星先后不断升空,经过众多科学家的开发研究以及各厂家的竞相研制,GPS硬件——导航型和大地型接收机及各类配件日臻完善,各种不同的应用软件精益求精,使得GPS定位技术在导航、测绘等领域迅速获得推广应用。综观GPS应用实践,GPS定位技术的应用特点可以归纳为:

(1)用途广泛

用GPS信号可以进行海空导航、车辆引行、导弹制导、精密定位、动态观测、设备安装、传递时间、速度测量等。

(2)自助化程度高

GPS定位技术减少了野外作业的时间和强度。用GPS接收机进行测量时,只要将天线准确地安置在测站上,主机可安放在测站不远处,亦可放在室内,通过专用通讯线与天线连接,接通电源,启动接收机,仪器即自动开始工作。结束测量时,仅需关闭电源,取下接收机,便完成了野外数据采集任务。

(3)实时定位速度快

利用全球定位系统一次定位和测速工作在1秒至数秒钟内便可完成,比常规方法快2～5倍。

(4)定位精度高

GPS可为各类用户连续地提供动态目标的三维位置、三维速度和时间信息。一般来说,目前其单点实时定位精度可达5～10 m,静态相对定位精度可达1～0.1 ppm,测速精度为0.1 m/s,而测时精度约为数十纳秒。随着GPS测量技术和数据处理技术发展,其定位、测速和测时的精度将进一步提高。

(5)全天候作业

GPS观测可以在全天24小时的任何时间进行,一般不受气象条件的影响。

(6)经济效益高

用GPS定位技术建立大地控制网,要比常规大地测量技术节省70%～85%的外业费用。这是因为GPS卫星定位不要求站间通视,节省造标费用,同时GPS技术快速的特点,使测量工期大大缩短。

5.2 GPS 系统的组成及卫星信号

GPS 定位系统由三部分组成,即 GPS 卫星(空间部分)、地面监控系统(地面监控部分)和 GPS 接收机(用户部分),如图 5.1(a)所示。

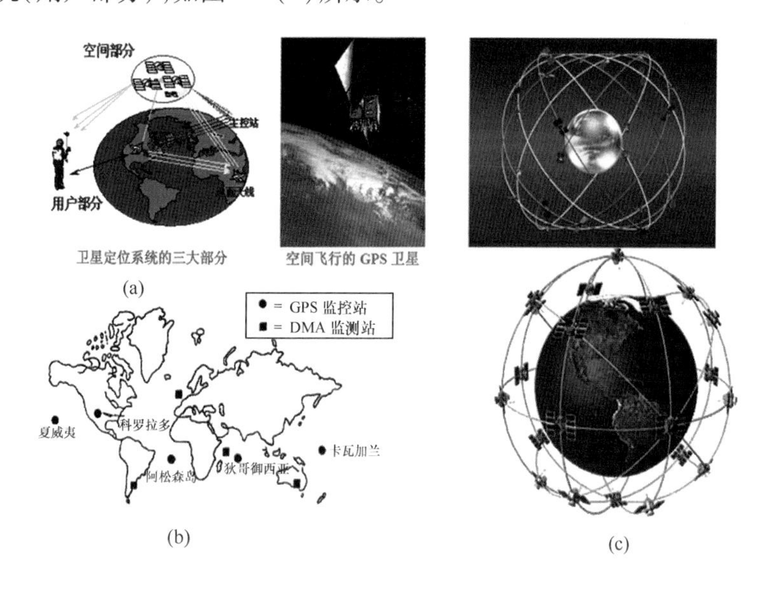

图 5.1　GDP 系统

5.2.1 空间部分

(1) GPS 卫星

GPS 卫星的主体呈圆柱形,两侧有太阳能帆板,能自动对日定向。太阳能电池为卫星提供工作用电。每颗卫星装有微处理器、大容量的存储器和 4 台原子钟(发射标准频率、提供高精度的时间标准)。

GPS 卫星的基本功能是:

a. 接收和存储由地面监控站发来的导航信息,接收并执行监测站的控制指令;

b. 进行部分必要的数据处理工作;

c. 通过高精度的原子钟提供精密的时间标准;

d. 向用户发送导航电文与定位信息;

e. 在地面站的指令下调整卫星姿态和启用备用卫星。

(2) GPS 卫星星座

GPS 卫星星座由 24 颗卫星组成,其中包括 3 颗备用卫星。卫星分布在 6 个轨道平面内,每个轨道平面内分布有 4 颗卫星。卫星轨道面相对地球赤道面的倾角约为 55°,卫星平均高度约为 20 200 km,卫星运行周期为 11 小时 58 分。卫星的分布情况如图 5.1(c)所示。

卫星在空间的上述配置,可在地球上任何地点、任何时刻均至少可以同时观测到 4 颗卫星。因此 GPS 是一种全球性、全天候、连续实时的导航定位系统。

5.2.2 地面监控部分

在导航定位中，首先必须知道卫星的位置，而位置是由卫星星历计算出来的。地面监控系统测量和计算每颗卫星的星历，编辑成导航电文发送给卫星，然后由卫星实时地播送给用户，这就是卫星提供的广播星历。

GPS 的地面监控部分主要由分布在全球的 5 个地面站组成，其中包括卫星监测站、主控站和信息注入站。

主控站位于科罗拉多斯普林斯（Colorado Springs）的联合空间执行中心（CSOC）；三个注入站分别设在大西洋、印度洋和太平洋的三个美国军事基地上，即大西洋的阿松森（Ascen－sion）岛、印度洋的迭哥伽西亚（Diego Garcia）和太平洋的卡瓦加兰（Kwajalein）。主控站和三个注入站以及夏威夷岛。分布如图 5.1（b）所示。

地面监控部分总的功能是：确定卫星轨道；保持 GPS 系统处于同一时间标准；监视卫星“健康”状况。

（1）监测站

监测站为数据采集中心，它的设备及相应功能包括：

a. 双频 GPS 接收机：对卫星进行连续观测和监测卫星工作状态；

b. 高精度原子钟：提供时间标准；

c. 若干台气象数据传感器：收集当地的气象资料；

d. 计算机：将以上资料进行处理、存储并传送给主控站。

（2）主控站

主控站为地面监控系统的调度指挥中心，主要设备为大型电子计算机。主控站的主要功能是：

a. 根据各监测站送来的资料，编制导航电文，送往注入站；

b. 提供 GPS 系统的时间基准，送往注入站；

c. 调度卫星（调整失轨卫星、启用备用卫星）。

（3）注入站

注入站向每颗 GPS 卫星输入导航电文及控制指令。主要设备包括一台直径为 3.6m 的天线、一台 S 波段的发射机和一台计算机。其主要任务是在主控站的控制下，将主控站推算和编制的导航电文和其他控制指令等注入到相应卫星的存储系统。

5.2.3 GPS 接收机

GPS 接收机包括接收机主机、天线和电源，其主要功能是接收 GPS 卫星发射的信号，以获得必要的导航和定位信息，并经初步数据处理而实现实时的导航与定位。

GPS 接收机品牌很多，国内外主要 GPS 接收机有 Leica GPS 系列接收机、Trimble GPS 系列接收机、Topcon GPS 系列接收机。

5.2.4 GPS 卫星信号

GPS 卫星发射的信号包含三种信号分量：载波（L1 和 L2）、测距码（C/A 码、P 码或 Y 码）和数据码（D 码或导航电文）。

在载波 L1 上调制有 C/A 码、P 码(或 Y 码)和数据码(D 码);而在载波 L2 上只调制有 P 码(或 Y 码)和数据码(D 码)。

在无线电通讯技术中,为了有效地传播信息,一般多将频率较低的信号加载到频率较高的载波上,而这时频率较低的信号称为调制信号。对 GPS 而言,实行二级调制(扩频):第一级用 D 码调制测距码,形成一个组合码,之后再用组合码去调制 L 载波,从而形成向用户发送的已调波。

在测量 GPS 卫星和用户的 GPS 接收机天线相位中心之间的距离中,利用载波能达到较高的精度,而利用测距码测距精度低;数据码(导航电文)中包含有卫星星历,由其可计算任何瞬间卫星的位置,即 GPS 卫星发射的信号包含有卫星定轨和接收机定位的相关信息。

5.3 GPS 定位的基本原理及其误差来源

5.3.1 GPS 定位的基本原理

GPS 定位的基本原理是把 GPS 卫星视为一种飞行的动态已知点,在其瞬间位置已知的情况下(星历提供),以 GPS 卫星和用户的 GPS 接收机天线相位中心之间的距离为观测量,进行空间距离的后方交会,从而确定出用户所在的位置,如图 5.2 所示。

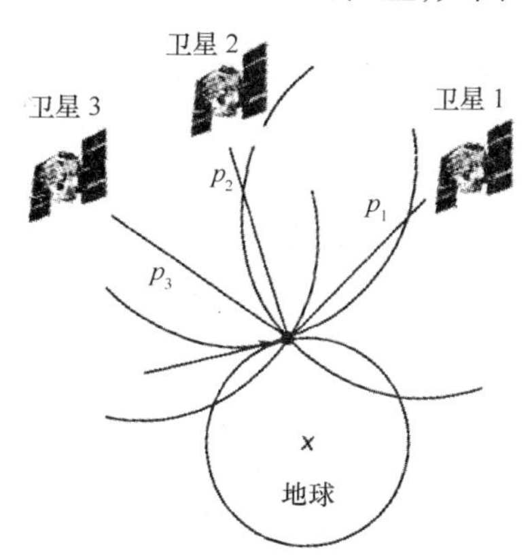

图 5.2 GPS 定位原理

卫星 1 在时刻发出信号,GPS 接收机在时刻接收到 GPS 卫星 1 发射的信号,那么,站星间的距离可以表示为信号传播时间及其传播速度的乘积:

$$\rho_1 = (t_r - t_{e1}) \times c \tag{5-1}$$

同理获得卫星 2 和卫星 3 的和,然后以卫星为球心,以站星间的距离作半径,作 3 个球,那么交点就是用户所在的位置:

$$\rho_r^s = \sqrt{(X_s - X_r)^2 + (Y_s - Y_r)^2 + (Z_s - Z_r)^2} \tag{5-2}$$

式中,(X_s, Y_s, Z_s) 为卫星在地固坐标系下的瞬间位置,(X_r, Y_r, Z_r) 为用户所在的位置。

5.3.2 GPS 测量的误差来源

(1)误差的分类

我们知道 GPS 定位是通过地面接收设备接收卫星发射的导航定位信息来确定地面点的

三维坐标。可见测量结果的误差来源于 GPS 卫星、信号的传播过程和接收设备。GPS 测量误差可分为三类：与 GPS 卫星有关的误差；与 GPS 卫星信号传播有关的误差；与 GPS 信号接收机有关的误差。

与 GPS 卫星有关的误差包括卫星的星历误差和卫星钟误差，两者都属于系统误差，可在 GPS 测量中采取一定的措施消除或减弱，或采用某种数学模型对其进行改正。

与 GPS 卫星信号传播有关的误差包括电离层折射误差、对流层折射误差和多路径误差。电离层折射误差和对流层折射误差即信号通过电离层和对流层时，传播速度发生变化而产生时延，使测量结果产生系统误差，在 GPS 测量中，可以采取一定的措施消除或减弱，或采用某种数学模型对其进行改正。在 GPS 测量中，测站周围的反射物所反射的卫星信号进入接收机天线，将和直接来自卫星的信号产生干涉，从而使观测值产生偏差，即为多路径误差，多路径误差取决于测站周围的观测环境，具有一定的随机性，属于偶然误差。为了减弱多路径误差，测站位置应远离大面积平静水面，测站附近不应有高大建筑物，测站点不宜选在山坡、山谷。

与 GPS 信号接收机有关的误差包括接收机的观测误差、接收机的时钟误差和接收机天线相位中心的位置误差。接收机的观测误差具有随机性质，是一种偶然误差，通过增加观测量可以明显减弱其影响。接收机时钟误差是指接收机内部安装的高精度石英钟的钟面时间相对于 GPS 标准时间的偏差，是一种系统误差，但可采取一定的措施予以消除或减弱。在 GPS 测量中，是以接收机天线相位中心代表接收机位置的，由于天线相位中心随着 GPS 信号强度和输入方向的不同而发生变化，致使其偏离天线几何中心而产生系统误差。

(2) 消除、削弱测量误差影响的措施和方法

上述各项误差对测距的影响可达数十米，有时甚至可超过百米，因此必须加以消除和削弱。消除或削弱这些误差所造成的影响的方法主要有：

1) 建立误差改正模型

误差改正模型既可以是通过对误差特性、机理以及产生的原因进行研究分析、推导而建立起来的理论公式，也可以是通过大量观测数据的分析、拟合而建立起来的经验公式。在多数情况下是同时采用两种方法建立的综合模型（各种对流层折射模型大体上属于综合模型）。由于改正模型本身的误差以及所获取的改正模型各参数的误差，仍会有一部分偏差残留在观测值中，这些残留的偏差通常仍比偶然误差要大得多，严重影响 GPS 的定位精度。

2) 采用求差法

仔细分析误差对观测值或平差结果的影响，安排适当的观测方案和数据处理方法（如同步观测、相对定位等），利用误差在观测值之间的相关性或在定位结果之间的相关性。通过求差来消除或削弱其影响的方法称为求差法。

例如，当两站对同一卫星进行同步观测时，观测值中都包含了共同的卫星钟误差，将观测值在接收机间求差即可消除此项误差。同样，一台接收机对多颗卫星进行同步观测时，将观测值在卫星间求差即可消除接收机钟误差的影响。

又如，目前广播星历的误差可达数十米，这种误差属于起算数据的误差，并不影响观测值，不能通过观测值相减来消除。利用相距不太远的两个测站上的同步观测值进行相对定位时，由于两站至卫星的几何图形十分相似，因而星历误差对两站坐标的影响也很相似。利用这种相关性在求坐标差时就能把共同的坐标误差消除掉。

3)选择较好的硬件和较好的观测条件

有的误差(如多路径误差)既不能采用求差方法来解决也无法建立改正模型,削弱它的唯一办法是选用较好的天线,仔细选择测站,远离反射物和干扰源。

5.4 GPS 定位基本模式及基本原理

5.4.1 GPS 定位基本模式

GPS 定位模式包括静态定位、动态定位、绝对定位和相对定位。

(1)静态定位和动态定位

按照用户接收机天线在定位过程中所处的状态,分为静态定位和动态定位两类。

a. 静态定位:在定位过程中,接收机天线的位置是固定的,处于静止状态。其特点是观测的时间较长,有大量的重复观测,其定位的可靠性强、精度高。主要应用于测定板块运动、监测地壳形变、大地测量、精密工程测量、地球动力学及地震监测等领域。

b. 动态定位:在定位过程中,接收机天线处于运动状态。其特点是可以实时地测得运动载体的位置,多余观测量少,定位精度低。目前广泛应用于飞机、船舶、车辆的导航中。

(2)绝对定位与相对定位

按照参考点的不同位置,分为绝对定位和相对定位两类。

a. 绝对定位(也称单点定位):是以地球质心为参照点,只需一台接收机,独立确定待定点在 WGS84 坐标系中的绝对位置。其组织实施简单,但定位精度较低(受星历误差、星钟误差及卫星信号在大气传播中的延迟误差的影响比较显著)。该定位模式在船舶、飞机的导航,地质矿产勘探,暗礁定位,建立浮标,海洋捕鱼及低精度测量领域应用广泛。

b. 相对定位:以地面某固定点为参考点,利用两台以上接收机,同时观测同一组卫星,确定各观测站在 WGS84 坐标系中的相对位置或基线向量。其优点:由于各站同步观测同一组卫星,误差对各站观测量的影响相同或大体相同,对各站求差(线性组合)可以消除或减弱这些误差的影响,从而提高了相对定位的精度。其缺点:内外业组织实施较复杂。主要应用于大地测量、工程测量、地壳形变监测等精密定位领域。

在绝对定位和相对定位中,又都分别包含静态定位和动态定位两种方式。在动态相对定位中,当前应用较广的有差分 GPS(DGPS)和 GPS RTK,差分 GPS 是以测距码为根据的实时动态相对定位,精度低;GPS RTK 以载波为根据的实时动态相对定位,可实时获得厘米级的定位精度。

利用 GPS 定位,无论取何种模式都是通过观测 GPS 卫星而获得某种观测量来实现的。目前广泛采用的基本观测量主要有两种,即测距码观测量和载波相位观测量,根据两种观测量均可得出站星间的伪距。不同的观测量对应不同的定位方法,即利用测距码观测量进行定位的方法,一般称为伪距法测量(定位);而利用载波相位观测量进行定位的方法,一般称为载波相位测量。本节重点介绍利用这两种定位方法进行静态定位的基本原理。

5.4.2 静态绝对定位

(1)伪距法定位

1)伪距测量

如图5.3所示,卫星依据自己的时钟发出某一结构的测距码 $u(t)$,该测距码经过 Δt 时间传播后到达接收机,接收机接收到的测距码为 $u(t-\Delta t)$。

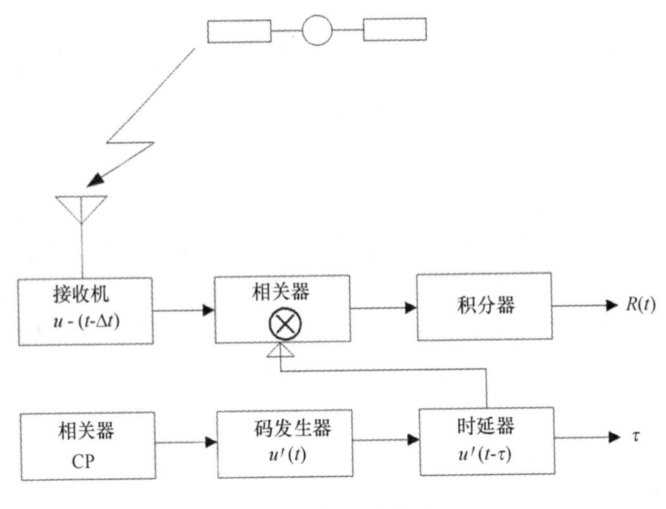

图5.3 伪距测量原理

接收机在自己的时钟控制下产生一结构完全相同的复制码 $u'(t)$,并通过时延器使其延迟时间 τ,得到 $u'(t-\tau)$。

两测距码在相关器进行相关处理,经积分器即可输出两信号间的自相关系数:

$$R(t)=\frac{1}{T}\int_{T}u(t-\Delta t)u(t-\tau)dt \tag{5-3}$$

在积分式中,直到两测距码的自相关系数 $R(t)=1$ 为止,此时,复制码已和接收到的来自卫星的测距码对齐,复制码的延迟时间 τ 就等于卫星信号的传播时间 Δt。

将 τ 乘上光速c后即可求得卫星至接收机的伪距。

上述码相关法测量的距离,之所以称为伪距有两个原因:

①卫星钟和接收机钟不完全同步;

②由于信号并不是在真空中传播,因而观测值 τ 中也包含了大气传播延迟误差。因而在 $R(t)=\max\approx1$ 的情况下求得的时延 τ 就不严格等于卫星信号的传播时间 Δt,故将求得的时延 τ 和真空中的光速c的乘积 $\tilde{\rho}$ 称为伪距。以此作为观测值,建立 $\tilde{\rho}$ 与站星间真正几何距离 ρ 间的关系,称为观测方程。

2)伪距法定位原理

伪距法定位观测方程,经推证可得到:

$$\rho=\tilde{\rho}-cv_{t_a}+cv_{t_b}+\delta\rho_{ion}+\delta\rho_{trop} \tag{5-4}$$

式中:v_{t_a}、v_{t_b} 分别为卫星钟和接收机钟的改正数;

$\delta\rho_{ion}$、$\delta\rho_{trop}$ 分别为电离层和对流层折射对站星距离的改正。

将式(5－4)中ρ写成站星坐标的函数:卫星坐标为(x,y,z),接收机坐标为(X,Y,Z),则

$$[(x_i - X)^2 + (y_i - Y)^2 + (z_i - Z)^2]^{\frac{1}{2}} - cv_{t_b} = \tilde{\rho}_i - cv_{t_{a-b}} + (\delta\rho_i)_{ion} + (\delta\rho_i)_{trop} \tag{5-5}$$

上式即为伪距定位法的数学模型(观测方程)。

这样,任一观测时刻,用户至少要测定4颗卫星的距离,以解算出4个未知数;当卫星数大于4时,用最小二乘求解未知数的最值。

(2)载波相位测量

伪距测量是以测距码为量测信号的,量测精度是一个码元长度的1%。由于测距码的码元长度较长,因此量测精度较低(C/A码为3 m,P码为30 cm)。载波的波长要短得多(λ_{L1} = 19 cm,λ_{L2} = 24 *cm*),对载波进行相位测量,可以达到很高的精度。目前大地型接收机的载波相位测量精度一般为1～2 mm。但载波信号是一种周期性的正弦信号,相位测量只能测定其不足一个波长的部分,因而存在整周不确定性问题,解算复杂。

由于GPS信号中已用相位调制的方法在载波上调制了测距码和导航电文,因而接收到的载波的相位已不再连续,所以在进行载波相位测量之前,首先要进行解调工作,设法将调制在载波上的测距码和导航电文去掉,重新获得纯净的载波,即所谓载波重建。

1)载波相位测量的基本原理

如图5.4所示,若卫星S发出一载波信号,该信号向各处传播。设某一瞬间,该信号在接收机R处的相位为ϕ_R,在卫星S处的相位为ϕ_S。ϕ_R和ϕ_S为从某一起始点开始计算的包括整周数在内的载波相位,为了方便计算,均以周数为单位。若载波的波长为λ,则卫星S至接收机R间的距离:

$$\rho = \lambda(\phi_S - \phi_R) \tag{5-6}$$

但因无法观测ϕ_S,因此该方法无法实施。

如果接收机的震荡器能产生一个频率与初相和卫星载波信号完全相同的基准信号,问题即可解决,因为任何一个瞬间在接收机处的基准信号的相位等于卫星处载波信号的相位。因而,$(\phi_S - \phi_R)$等于接收机产生的基准信号的相位和接收到的来自卫星的载波信号相位之差,

$$(\phi_S - \phi_R) = \Phi(\tau_b) - \phi(\tau_a) \tag{5-7}$$

即某一瞬间的载波相位测量值指的是该瞬间接收机所产生的基准信号的相位$\Phi(\tau_b)$和接收到的来自卫星的载波信号的相位$\phi(\tau_a)$之差。

因此,根据某一瞬间的载波相位测量值可求出该瞬间从卫星到接收机的距离。

2)载波相位测量的实际观测值

t_i时刻载波相位观测值为:

$$\phi(t_i) = N_0 + Int^i(\varphi) + Fr^i(\varphi) \tag{5-8}$$

式中:N_0为相位差的整周数,因为载波只是一种单纯的正弦波,不带有任何识别标记,因而无法判断正在量测的是第几周的信号,于是在载波相位测量中便出现了整周未知数,需通过其他途径进行求解;

$Int^i(\varphi)$为t_0 ～ t_i时段的整周变化数,可由计数器累计而成,如果由于某种原因,如信号暂时受阻而中断,计数器无法连续计数,当信号被重新跟踪后,整周计数中将丢失某一量而

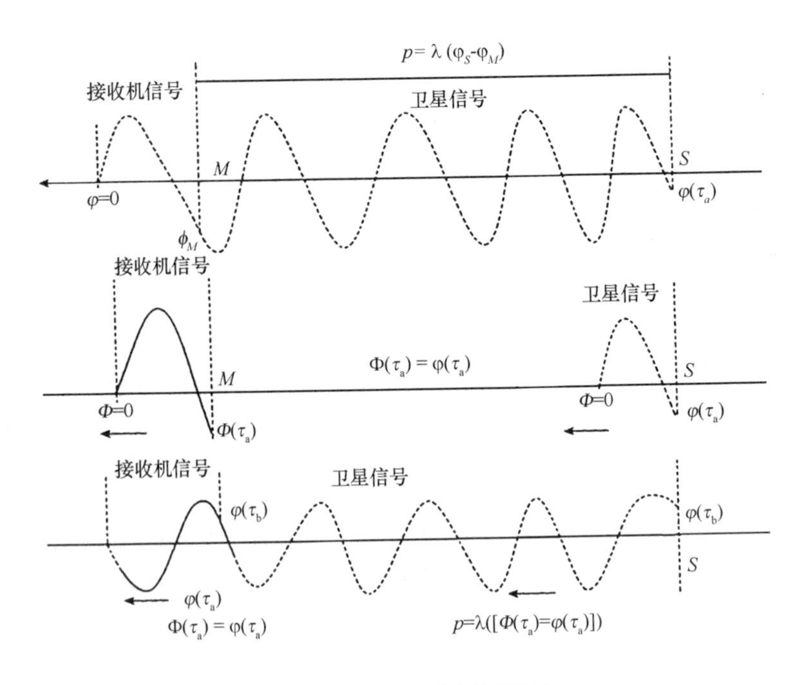

图 5.4　载波相位测量原理

变得不正确,这种现象称整周跳变(简称周跳);

$Fr^i(\varphi)$ 为 t_i 时刻不足一周的小数部分,仪器的实际量测值。

因此载波测量的实际观测值为

$$\tilde{\phi} = Int^i(\phi) + Fr^i(\phi) \tag{5-9}$$

3)载波相位测量的观测方程

由上所述,某一瞬间的载波相位测量值指的是该瞬间接收机所产生的基准信号的相位 $\Phi(\tau_b)$ 和接收到的来自卫星的载波信号的相位 $\phi(\tau_a)$ 之差:$(\phi_S - \phi_R) = \Phi(\tau_b) - \Phi(\tau_a)$,从载波相位测量的这一基本原理出发,考虑卫星钟差及接收机钟差改正,信号在大气传播的折射改正,建立在实际情况下载波相位测量的观测方程:

$$\tilde{\phi} = \frac{f}{c}(\rho\delta\rho_{ion} - \delta\rho_{trop}) + fv_{t_a} - fv_{t_b} - N_0 \tag{5-10}$$

将上式中的 ρ 表达成卫星位置(x,y,z)和接收机位置(X,Y,Z)的函数并引入近似值:$X = X_0 + V_X$, $Y = Y_0 + V_Y$, $Z = Z_0 + V_Z$,将其在(X_0,Y_0,Z_0)处用泰勒级数展开,则上式为

$$\frac{f}{c}\frac{x - X_0}{\rho_0}\nu_X + \frac{f}{c}\frac{y - Y_0}{\rho_0}\nu_Y + \frac{f}{c}\frac{z - Z_0}{\rho_0}\nu_Z - fv_{t_a} + fv_{t_b} + N_0$$

$$= \frac{f}{c}(\rho_0 - \delta\rho_{ion} - \delta\rho_{trop}) - \tilde{\phi} \tag{5-11}$$

上式中各符号的意义如前所述。等号左边为未知参数,右边的各项均为已知值。需要指出的是:星钟改正数虽可用导航电文中给出的改正系数 a_0、a_1、a_2 进行计算,但其精度只有 20 ns 左右,无法满足大地测量的要求,故要引入观测瞬间卫星钟的钟差这一改正数作为未知数。

5.4.3 静态相对定位

(1)静态相对定位的基本概念

用两台接收机分别安置在基线的两端点,其位置静止不动,同步观测相同的4颗以上GPS卫星,确定基线两端点的相对位置,这种定位模式称为静态相对定位(图5.5)。在实际工作中,常常将接收机数目扩展到3台以上,同时测定若干条基线(图5.6)。这样做不仅考虑了工作效率,而且增加了观测条件,提高了观测结果的可靠性。

(2)载波测量的线性组合

在两台或多台接收机同步观测相同卫星的情况下,卫星的轨道误差、卫星钟差、接收机钟差以及电离层和对流层的折射误差对观测量的影响具有一定的相关性,利用这些观测量的不同组合(求差)进行相对定位,可有效地消除或减弱相关误差的影响,从而提高相对定位的精度。

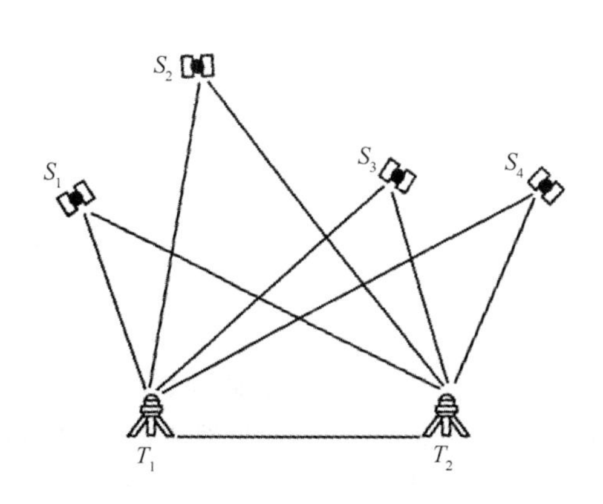

图5.5 静态相对定位原理

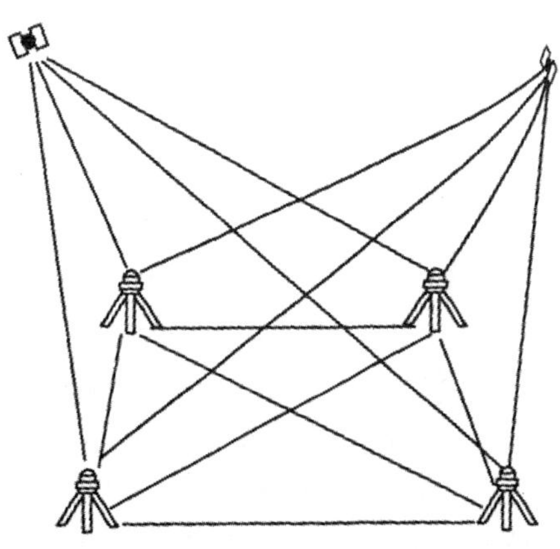

图5.6 多台接收机静态相对定位作业

1)单差模型

式(5-8)是载波测量的基本观测方程,将两接收机载波相位测量的基本观测值求一次差后,可获得单差的基本观测方程:

$$\Delta\phi_{ij}^{p} = \frac{f}{c}\rho_{j}^{p} - \frac{f}{c}\rho_{i}^{p} + l_{ij}^{p} - \frac{f}{c}(\delta\rho_{ion})_{ij}^{p} - \frac{f}{c}(\delta\rho_{trop})_{ij}^{p} - fV_{\tau_{ij}} - (N_{0})_{ij}^{p} \qquad (5-12)$$

此外,在进行GPS相对定位时,必须有一个点的坐标已知,才能根据卫星位置和观测值求出基线向量。

设已知 i 点坐标为:$(X_i,Y_i,Z_i)^T$,基线向量为 $(\Delta X_{ij},\Delta Y_{ij},\Delta Z_{ij})^T$,基线向量近似值为 $(\Delta X_{ij}^0,\Delta Y_{ij}^0,\Delta Z_{ij}^0)^T$,基线向量改正数为 $(V_{\Delta X_{ij}},V_{\Delta Y_{ij}},V_{\Delta Z_{ij}})^T$。

则 j 点坐标为:

$$X_j = X_i + \Delta X_{ij} = X_i + \Delta X_{ij}^0 + V_{\Delta X_{ij}} = X_j^0 + V_{\Delta X_{ij}}$$

$$Y_j = Y_i + \Delta Y_{ij} = Y_i + \Delta Y_{ij}^0 + V_{\Delta Y_{ij}} = Y_j^0 + V_{\Delta Y_{ij}}$$

$$Z_j = Z_i + \Delta Z_{ij} = Z_i + \Delta Z_{ij}^0 + V_{\Delta Z_{ij}} = Z_j^0 + V_{\Delta Z_{ij}}$$

将基本观测方程(5-12)中的 ρ_j^p 按泰勒级数展开,线性化后的单差观测方程为:

$$\Delta\phi_{ij}^{p} = \frac{f}{c}\frac{X_j^0 - x^p}{(\rho_j^p)_0}V_{\Delta X_{ij}} + \frac{f}{c}\frac{Y_j^0 - y^p}{(\rho_j^p)_0}V_{\Delta Y_{ij}} + \frac{f}{c}\frac{Z_j^0 - z^p}{(\rho_j^p)_0}V_{\Delta Z_{ij}}$$

$$-fV_{T_{ij}} - (N_0)^p_{ij} + \frac{f}{c}(\rho^p_j)_0 - \frac{f}{c}\rho^p_i + l^p_{ij}$$

$$-\frac{f}{c}(\delta\rho_{ion})^p_{ij} - \frac{f}{c}(\delta\rho_{trop})^p_{ij} \tag{5-13}$$

i 点坐标通常可由大地坐标转换为 WGS84 坐标或取较长时间的单点定位结果。

2)双差模型

继续在接收机和卫星间求二次差,可得到双差模型:

$$\Delta\phi_{ij} = \frac{f}{c}\left(\frac{X^0_j - x^q}{(\rho^q_j)_0} - \frac{X^0_j - x^p}{(\rho^p_j)_0}\right)V_{\Delta X_{ij}}$$

$$+\frac{f}{c}\left(\frac{Y^0_j - y^q}{(\rho^q_j)_0} - \frac{Y^0_j - y^p}{(\rho^p_j)_0}\right)V_{\Delta Y_{ij}}$$

$$+\frac{f}{c}\left(\frac{Z^0_j - z^q}{(\rho^q_j)_0} - \frac{Z^0_j - z^p}{(\rho^p_j)_0}\right)V_{\Delta Z_{ij}}$$

$$-(N_0)^{pq}_{ij} - \frac{f}{c}[\rho^{pq}_i + (\delta\rho_{ion})^{pq}_{ij} + (\delta\rho_{trop})^{pq}_{ij}] + l^{pq}_{ij} \tag{5-14}$$

在接收机和卫星间求二次差后,消除了接收机钟差及卫星钟差,仅有基线向量的改正数和整周未知数。随机商业软件大多采用此模型进行基线向量的平差计算。

如果继续在接收机、卫星和历元间求三次差,可消去整周未知数,但通过求三次差后,方程数大大减少,故解算结果的精度不是很高,通常被用来作为基线向量的初次解。

3)整周跳变和整周未知数的确定

整周跳变和整周未知数的确定是载波相位测量中的特有问题。由前述的载波相位测量可知,完整的载波相位测量值是由 N_0 , $Int(\varphi)$ 和 $Fr(\varphi)$ 三部分组成的,虽然 $Fr(\varphi)$ 能以极高的精度测定,但这只有在正确无误地确定 N_0 和 $Int(\varphi)$ 的情况下才有意义。整周跳变的探测与修复和整周未知数的确定的具体方法请参阅有关的书籍。

5.5 GPS 实时动态定位(RTK)

随着动态用户应用目的和精度要求的不同,GPS 实时定位方法亦随之而不同。目前主要有下列几种方法:

(1)单点动态定位(绝对动态定位):是用安设在一个运动载体上的 GPS 接收机,自主地测得该运动载体的实时位置,从而描绘出该运动载体的运行轨迹。

(2)实时差分动态定位(实时相对动态定位):是用安设在一个运动载体上的 GPS 接收机,及安设在一个基准点上的另一台 GPS 接收机,之间通过无线电数据传输,联合测得该运动载体的实时位置,从而描绘出该运动载体的运行轨迹。其中包括伪距差分动态定位和载波相位差分动态定位。

本部分重点介绍当前在数字测图和工程测量,特别是无居民海岛使用测量中,应用较为广泛的载波相位差分技术,又称为实时动态(Real Time Kinematic,RTK)定位技术,在一定的范围内,能实时提供用户点位的三维实用坐标,并达厘米级的定位精度。

5.5.1 RTK 的工作原理

RTK 的工作原理是在两台接收机间加上一套无线电通讯系统，将相对独立的接收机连成一个有机的整体（如图 5.7 所示）；基准站把接收到的伪距、载波相位观测值和基准站的一些信息（如基准站的坐标和天线高等）都通过通讯系统传送到流动站；流动站在接收卫星信号的同时，也接收基准站传送来的数据并进行处理；将基准站的载波信号与自身接收到的载波信号进行差分处理，即可实时求解出两站间的基线向量，同时输入相应的坐标，转换参数和投影参数，即可求得实用的未知点坐标。

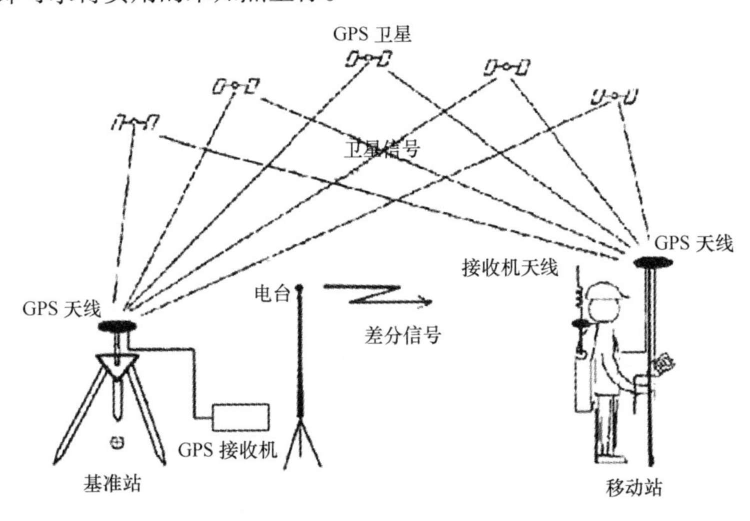

图 5.7　RTK 测量模式

在 RTK 的动态定位中，要实时确定流动接收机所在位置的坐标，其计算程序如下：

a. 流动站首先进行初始化：静态观测若干历元，快速确定整周未知数，这一过程即为初始化过程；

b. 流动站将接收到的载波相位观测值和基准站的载波相位观测值进行差分处理，类似静态观测的数据处理，即将求出的整周未知数代入双差模型，实时求解出基线向量；

c. 由传输得到的基准站的 WGS84 地心坐标（x_b, y_b, z_b），就可求得流动站的地心坐标：

$$\begin{pmatrix} x_u \\ y_u \\ z_u \end{pmatrix}_{84} = \begin{pmatrix} x_b \\ y_b \\ z_b \end{pmatrix}_{84} + \begin{pmatrix} \delta x \\ \delta y \\ \delta z \end{pmatrix} \tag{5-15}$$

d. 利用当地坐标系与 WGS84 地心坐标系的转换参数（七参数），就可得到当地坐标系的空间直角坐标：

$$
\begin{pmatrix} x \\ y \\ z \end{pmatrix}_{local} = \begin{pmatrix} x \\ y \\ z \end{pmatrix}_{84} - \begin{pmatrix} 1 & 0 & 0 & 0 & -z & y & x \\ 0 & 1 & 0 & z & 0 & -x & y \\ 0 & 0 & 1 & -y & x & 0 & z \end{pmatrix} \begin{pmatrix} \Delta x \\ \Delta y \\ \Delta z \\ \alpha \\ \beta \\ \gamma \\ m \end{pmatrix} \tag{5-16}
$$

当然,也可将流动站的 WGS84 地心坐标转换为实用的二维平面直角坐标。一般转换参数未知,则可利用公共点的两套坐标代入(5 - 16)式,反求出转换参数,再用(5 - 16)式求出非重合点的坐标。

5.5.2 RTK 测量的基本工作方法

RTK 测量的基本工作方法如下:

a. 在基准站安置 GPS 接收机,进行基准站设置;

b. 进行流动站设置;

c. 在至少 3 个公共点上,求 GPS 坐标与实用坐标系间的转换参数(有的称为点校正);

d. 实测流动点坐标,将其与检测点的已知坐标进行对比,之差应在允许范围内;

e. 流动接收机继续进行未知点的测量工作。

5.6 GPS 高程测量

5.6.1 GPS 高程测量概述

随着 GPS 的出现,采用 GPS 技术测定点的正高和正常高,引起了人们越来越广泛的兴趣。不过,单独采用 GPS 技术是无法测定出点的正高或正常高的,因为 GPS 测量得出的是一组空间直角坐标(X,Y,Z)坐标,通过坐标转换可以将其转换为大地经纬度和大地高(B,L,H),要确定出点的正高或正常高,需要在基于椭球和大地水准面或似大地水准面的高程系统间进行转换,也就是必须要知道这些点上的大地水准面差距或高程异常。由此可以看出,GPS 水准实际上包括两方面的内容:一方面是采用 GPS 方法确定大地高,另一方面是采用其他技术方法确定大地水准面差距或高程异常。前者与 GPS 测量定位同属一类问题,在前几节中已进行了大量叙述;而后者本身并不属于 GPS 测量定位的范畴,而是属于一个物理大地测量问题,本节主要围绕此问题进行介绍。

需要说明的一点是,虽然下面的内容以正高系统为例进行介绍,但这两个高程系统间也是可以相互转换的,所以经过很小的变化后,同样适用于正常高系统。另外,对于纯几何内插方法而言,无论对正高系统还是正常高系统,算法都是完全一样的。

5.6.2 大地水准面差距的确定

如果大地水准面差距已知,就能够进行大地高与正高间的相互转换,但当其未知时,则需要设法确定大地水准面差距的数值。确定大地水准面差距的基本方法有天文大地法、地球重力场的重力位模型、Stokes 积分和几何内插法及残差模型法等方法。

(1)天文大地法

天文大地法(Astro - Geodetic Method)的基本原理是利用天文观测数据并结合大地测量成果,确定出一些点上的垂线偏差,这些同时具有天文和大地观测资料的点被称为天文大地点,然后再利用这些垂线偏差来确定大地水准面差距。具体用来确定大地水准面差距的天文大地法有两种。

方法一:测定 A、B 两点间加入了垂线偏差改正的天顶角,计算出两点间大地高之差 ΔH_{AB},利用水准测量的方法测定出两点间的正高之差 $\Delta H_{g_{AB}}$ 或正常高之差 $\Delta H_{\gamma_{AB}}$。这样,就可以得出两点间大地水准面差距的变化 ΔN_{AB} 或高程异常的变化 $\Delta\zeta_{AB}$:

$$\Delta N_{AB} = \Delta H_{AB} - \Delta H_{g_{AB}} \tag{5-17}$$

$$\Delta\zeta_{AB} = \Delta H_{AB} - \Delta H_{\gamma_{AB}} \tag{5-18}$$

如果采用上述方法确定出了一系列相互关联的点之间的大地水准面差距的变化或高程异常的变化,并且已知其中一个点上的大地水准面差距或高程异常,则可以确定出其他点上的大地水准面差距或高程异常。

方法二:要确定 A、B 两点间大地水准面差距之差,首先设法确定出从 A 点到 B 点的路线上的垂线偏差 ε,然后沿路线 AB 进行垂线偏差的积分,即得:

$$\Delta N_{AB} = N_B - N_A = -\int_A^B \varepsilon dS - E_{AB} \tag{5-19}$$

或

$$\Delta N_{AB} = N_B - N_A = -\int_A^B \varepsilon_0 dS \tag{5-20}$$

式中,ε 为在地面上所观测到的垂线偏差;ε_0 为改正到大地水准面上的垂线偏差;E_{AB}为正高改正。

天文大地法所采用的基本数据为垂线偏差,它们是由二维大地平差所计算出的大地坐标与相应天文方法所确定出的天文坐标之间的差异。由于在该方法中需要利用大地测量成果来确定垂线偏差,因而采用该方法所获得的大地水准面差距信息是相对于大地测量成果所对应的局部参考椭球的,它是一种获得相对于参考椭球所隐含的局部大地基准的大地水准面差距的方法。该方法所得到的大地水准面差距信息本质上是天文大地点间的倾斜,大地水准面的剖面通过一系列的天文大地点来确定。另外,该方法仅适用于具有天文坐标的区域,其精度与天文大地点间的距离、各剖面间的距离、大地水准面的平滑程度以及天文观测的精度等因素有关,整体的相对大地水准面差距的精度可能仅有几米。

(2)大地水准面模型法

大地水准面模型是一个代表地球大地水准面形状的数学面,通常由有限阶次的球谐多项式构成,具有如下形式:

$$N = \frac{GM}{R\gamma}\sum_{n=2}^{n_{\max}}\sum_{m=0}^{n}\left(\frac{a_e}{R}\right)^n P_{nm}(\sin\varphi)\left[C_{nm}^*\cos m\lambda + S_{nm}\sin m\lambda\right] \tag{5-21}$$

式中,φ、λ 为计算点的地心纬度和经度;R 为计算点的地心半径;γ 为椭球上的正常重力;a_e 为地球赤道半径;G 为万有引力常数;M 为地球质量;P_{nm} 为 n 次 m 阶伴随 Legendre 函数;C_{nm}^*、S_{nm} 为大地水准面差距所对应的参考椭球重力位的 n 次 m 阶球谐系数;$n_{\max}$ 为球谐展开式的最高阶次。

大地水准面模型的基本数据为球谐重力位系数,所得到的大地水准面差距信息相对于地心椭球，模型精度取决于用作边界条件的重力观测值的覆盖面积和精度、卫星跟踪数据的数量和质量、大地水准面的平滑性以及模型的最高阶次等因素，旧的大地水准面模型针对一般用途的大地水准面模型的绝对精度低于1m，但目前最新的大地水准面模型的绝对精度有了显著提高，达到了几个厘米。另外，通过模型所得到的相对大地水准面差距的精度要比绝对大地水准面差距的精度高，因为，计算点处所存在的偏差（或长波误差）将在大地水准面差距的求差过程中被大大地削弱。实践中，要得到特定位置处的大地水准面差距，可首先提取该位置所处规则化格网节点上的模型数值，然后采用双二次内插（Biquadratic Interpolation）方法来估计所需大地水准面差距。大地水准面模型的适用性很广，可在陆地、海洋和近地轨道中使用，不过目前全球性的模型在某些区域其精度和分辨率有限。

（3）重力测量法

重力测量方法的基本原理是对地面重力观测值进行 Stokes 积分，得出大地水准面差距。其中，Stokes 积分为：

$$N = \frac{R}{4\pi\gamma}\iint_S \Delta g S(\psi)\,\mathrm{d}S \tag{5-22}$$

式中，R 为地球平均半径；γ 为球上的正常重力；$S(\psi)$ 为 Stokes 函数；Δg 为某个表面单元的重力异常（等于归化到大地水准面上的观测重力值减去椭球上相应点处的正常重力值）；ψ 为从地心所量测的计算点与重力异常点间的角半径。

原则上积分应在全球范围进行，在未采用空间技术之前，特别是未具有由球谐系数所提供的全球重力场之前，由于需要全球的重力异常，从而限制了该重力测量方法的使用。现在，重力测量技术实际上是 Stokes 积分与球谐模型的联合。即

$$N = N_L + N_S \tag{5-23}$$

其中，N_L 为长波信息，N_S 是由表面重力积分所得出的短波信息，采用的是下面经过修改的公式：

$$N_S = \frac{R}{4\pi\gamma}\int_0^{\psi_0}\int_0^{2\pi} f(\psi)\,\Delta g'\,\mathrm{d}\alpha\,\mathrm{d}\psi \tag{5-24}$$

积分仅在以计算点为中心、半径为 ψ_0 的有限区间中进行，而

$$\Delta g' \text{为：} \Delta g' = \Delta g + \Delta g_L \tag{5-25}$$

式中

$$\Delta g_L = \frac{GM}{R\gamma}\sum_{n=2}^{n_{\max}}\left(\frac{a_e}{R}\right)^n \sum_{m=0}^{n} P_{nm}(\sin\varphi)\left[C_{nm}^{*}\cos m\lambda + S_{nm}\sin m\lambda\right] \tag{5-26}$$

采用重力测量法所得到的大地水准面差距信息是相对于地心椭球的，其基本数据是计算点附近的地面重力观测值，仅适用于具有良好局部重力覆盖的区域。采用该方法所得到的大地水准面差距的精度与重力观测值的质量相覆盖密度有关。与大地水准面模型法相似，该方法所确定出的相对大地水准面差距精度要优于绝对大地水准面差距，其相对精度可达数十万分之一。

（4）几何内插法

在一个点上进行了 GPS 观测，可以得到该点的大地高 H。若能够得到该点的正常高 H_g，就可根据下式计算出该点处的大地水准面差距 N：

$$N = H - H_g \tag{5-27}$$

其中，H 可通过水准测量确定。

几何内插法的基本原理就是通过一些既进行了 GPS 观测又具有水准资料的点上的大地水准面差距，采用平面或曲面拟合、配置、三次样条等内插方法，得到其他点上的大地水准面差距。

下面简单介绍常用的多项式内插算法。

在进行多项式内插时，可采用不同阶次的多项式，如可将大地水准面差距表示为下面三种多项式的形式。

零次多项式（常数拟合）：

$$N = a_0 \tag{5-28}$$

一次多项式（平面拟合）：

$$N = a_0 + a_1 \cdot dB + a_2 \cdot dL \tag{5-29}$$

二次多项式（二次曲面拟合）：

$$N = a_0 + a_1 \cdot dB + a_2 \cdot dL + a_3 \cdot dB^2 + a_4 \cdot dL^2 + a_5 \cdot dB \cdot dL \tag{5-30}$$

式中，$dB = B - B_0$；$dL = L - L_0$；$B_0 = \frac{1}{n}\sum B$；$L_0 = \frac{1}{n}\sum L$；N 为进行了 GPS 观测的点的数量。

利用其中一些具有水准资料的所谓公共点上大地高和正高可以计算出这些点上的大地水准面差距 N。若要采用零次多项式进行内插，要确定 1 个拟合系数，因此，至少需要 1 个公共点；若要采用一次多项式进行内插，要确定 3 个拟合系数，至少需要 3 个公共点；若要采用二次多项式进行内插，要确定 6 个参数，则至少需要 6 个公共点。以进行二次多项式拟合为例，存在一个这样的公共点，就可以列出一个方程：

$$N_i = a_0 + a_1 \cdot dB_i + a_2 \cdot dL_i + a_3 \cdot dB_i^2 + a_4 \cdot dL_i^2 + a_5 \cdot dB_i \cdot dL_i \tag{5-31}$$

若存在 m 个这样的公共点，则可列出一个由 m 个方程所组成的方程组：

$$\begin{cases} N_1 = a_0 + a_1 \cdot dB_1 + a_2 \cdot dL_1 + a_3 \cdot dB_1^2 + a_4 \cdot dL_1^2 + a_5 \cdot dB_1 \cdot dL_1 \\ N_2 = a_0 + a_1 \cdot dB_2 + a_2 \cdot dL_2 + a_3 \cdot dB_2^2 + a_4 \cdot dL_2^2 + a_5 \cdot dB_2 \cdot dL_2 \\ \cdots \\ N_m = a_0 + a_1 \cdot dB_m + a_2 \cdot dL_m + a_3 \cdot dB_m^2 + a_4 \cdot dL_m^2 + a_5 \cdot dB_m \cdot dL_m \end{cases} \tag{5-32}$$

将式(5-32)写成误差方程的形式，即

$$V = Ax + L \tag{5-33}$$

式中，

$$A = \begin{bmatrix} 1 & dB_1 & dL_1 & dB_1^2 & dL_1^2 & dB_1 \cdot dL_1 \\ 1 & dB_2 & dL_2 & dB_2^2 & dL_2^2 & dB_2 \cdot dL_2 \\ & & & \cdots & & \\ 1 & dB_m & dL_m & dB_m^2 & dL_m^2 & dB_m \cdot dL_m \end{bmatrix}$$

$$x = [a_0 \quad a_1 \quad a_2 \quad a_3 \quad a_4 \quad a_5]^T$$

$$L = [N_1 \quad N_2 \quad \cdots \quad N_m]^T$$

通过最小二乘法可以求解出多项式的系数：

$$x = -(A^TPA)^{-1}(A^TPL) \tag{5-34}$$

式中，P 为大地水准面值的权阵，可根据正高和大地高的精度加以确定。

几何内插法简单易行，不需要复杂的软件，可以得到相对于局部参考椭球的大地水准面差距信息，适用于那些既有正高又有大地高的点，并且其分布和密度都较为合适的地方。该方法所得到的大地水准面差距的精度与公共点的分布、密度和质量及大地水准面的光滑度等因素有关。由于该方法是一种纯几何的方法，进行内插时，未考虑大地水准面的起伏变化，因此，一般仅适用于大地水准面较为光滑的地区，在这些区域，拟合的准确度可优于1分米（1 dm），但对于大地水准面起伏较大的地区，这种方法的准确度有限。另外，通过该方法所得到的拟合系数，仅适用于确定这些系数的GPS网范围内。

（5）残差模型法

残差模型法较好地克服了几何内插法的一些缺陷，其基本思想也是内插，不过与几何内插所针对的内插对象不同，残差法内插的对象并不是大地水准面差距或高程异常，而是它们的模型残差值，其处理步骤如下：

1）根据大地水准面模型计算地面点 P 的大地水准面差距 N_P；

2）对 P 点进行常规水准联测，利用这些点上的GPS观测成果和水准资料求出这些点的大地水准面差距 N'_P；

3）求出采用以上两种不同方法所得到的大地水准面差距的差值 $\Delta N_P = N'_P - N_P$，即所谓的大地水准面模型残差；

4）可算出GPS网中所有进行了常规水准联测的点上的大地水准面模型残差值；

5）根据所得到的大地水准面模型残差值，采用内插方法确定出GPS网中未进行过常规水准联测的点上的大地水准面模型残差值 ΔN_i，并利用这些值对这些点上由大地水准面模型所计算出的大地水准面差距 N_i。进行改正，得出的大地水准面差距值 $N'_i = N_i + \Delta N$。

5.6.3 GPS高程测量的精度

（1）精度分析

与常规水准相比，GPS高程测量具有费用低、效率高的特点，能够在大范围的区域上进行高程数据的加密。但目前GPS高程测量的精度通常还不高，这主要有两方面的原因，一是受制于采用GPS方法所测定的大地高的精度；二是受制于采用不同方法所确定出来的大地水准面差距或高程异常的精度。

现在，GPS测量的精度从0.01 ppm到10 ppm不等；采用重力位模型能够提供精度达到3～10 ppm的相对大地水准面差距；由简单的内插方法所得到的大地水准面差距的精度差异较大，从几个ppm到10 ppm或更差，具体精度与内插方法、大地水准面差距已知点的数量和分布以及内插区域大地水准面起伏情况等因素有关。综合目前各方面的实际情况，GPS水准最好能够达到3等水准的要求。

（2）保证和提高GPS高程测量精度的方法

GPS高程测量的精度取决于大地高和大地水准面差距两者的精度，因此，要保证和提高GPS高程测量的精度必须从提高这两者的精度着手。

大地水准面差距精度的提高有赖于物理大地测量的理论和技术。从局部应用的角度来看，在这一方面的发展方向是建立区域性的高精度、高分辨率大地水准面或似大地水准面模型。目前，应用最新的全球重力场模型，结合地面重力数据、GPS测量成果和精密水准资料所建立的区域性水准面或似大地水准面模型的精度已达到2～3 cm。

要保证通过GPS测量所得到的大地高的精度，可以采用以下方法和步骤进行作业和数据处理：

1）使用双频接收机。使用双频接收机所采集的双频观测数据，可以较为彻底地改正GPS观测值中与电离层有关的误差。

2）使用相同类型的带有抑径板或抑径圈的大地型接收机天线。不同类型的GPS接收机天线具有不同的相位中心特性，当混合使用不同类型的天线时，如果数据处理时未进行相位中心偏移和变化改正，将引起很大的垂直分量误差，极端情况下能达到分米级。有时，即使进行了相应的改正，也可能由于所采用的天线相位中心模型的不完善而在垂直分量中引入一定量的误差。如果使用相同类型的天线，则可以完全避免这一情况的发生。至于要求天线带有抑径板或抑径圈，则是为了有效地抑制多路径效应的发生。

3）对每个点在不同卫星星座和大气条件下进行多次设站观测。由于卫星轨道误差和大气折射会导致高程分量产生系统性偏差，如果同一测站在不同卫星星座和不同大气条件下进行了设站观测，则可以通过平均在一定程度上削弱它们对垂直分量精度的影响。

4）在进行基线解算时使用精密星历。使用精密星历将减小卫星轨道误差，从而提高GPS测量成果的精度。

5）基线解算时，对天顶对流层延迟进行估计。将天顶对流层延迟作为待定参数在基线解算时进行估计，可有效地减小对流层对GPS测量成果精度特别是垂直分量精度的影响。不过，需要指出的是，由于天顶对流层延迟参数与基线解算时的位置参数不相互正交，因而要使其能够准确确定，必须进行较长时间的观测。

5.7 GPS控制测量

目前，GPS定位技术被广泛应用于建立各种级别、不同用途的GPS控制网。在这些方面，GPS定位技术已基本上取代了常规的控制测量方法，成为了主要手段。

GPS控制测量的主要内容包括控制网的技术设计、外业观测和GPS数据处理。本节主要对GPS控制网的技术设计的内容加以介绍。

GPS控制网的技术设计主要包括控制网精度指标的确定和网的图形设计。

5.7.1 GPS控制网的级别划分与精度指标

根据我国《全球定位系统（GPS）测量规范》（GB/T18314－2009），GPS基线向量网被分成了A、B、C、D、E五个级别。表5.1与表5.2是我国《全球定位系统（GPS）测量规范》（以下简称《规范》）中有关GPS网精度等级的有关内容。

表5.1　A级GPS网精度指标

级别	坐标年变化率中误差		相对精度	地心坐标各分量年平均中误差/mm
	水平分量/（mm/a）	垂直分量/（mm/a）		
A	2	3	1×10^{-8}	0.5

表 5.2 B、C、D、E 级 GPS 网精度指标

级别	相邻点基线分量中误差		相邻点间平均距离/km
	水平分量/mm	垂直分量/mm	
B	5	10	50
C	10	20	20
D	20	40	5
E	20	40	3

5.7.2 GPS 控制网的图形设计

目前的 GPS 控制测量,基本上都是采用静态相对定位的测量方法。这就需要两台以及两台以上的 GPS 接收机在相同的时间段内同时连续跟踪相同的卫星组,即实施所谓同步观测。同步观测时各 GPS 点组成的图形称为同步图形。

(1) 几个基本概念

观测时段:接收机开始接收卫星信号到停止接收,连续观测的时间间隔称为观测时段,简称时段。

同步观测:2 台或 2 台以上接收机同时对同一组卫星进行的观测。

同步观测环:3 台或 3 台以上接收机同步观测所获得的基线向量构成的闭合环。

独立观测环:由非同步观测获得的基线向量构成的闭合环。

(2) 多台接收机构成的同步图形

接收机的台数大于 3 时,几台接收机同步观测同一组卫星,此时由同步边构成的几何图形,称为同步图形(环),如图 5.8 所示。

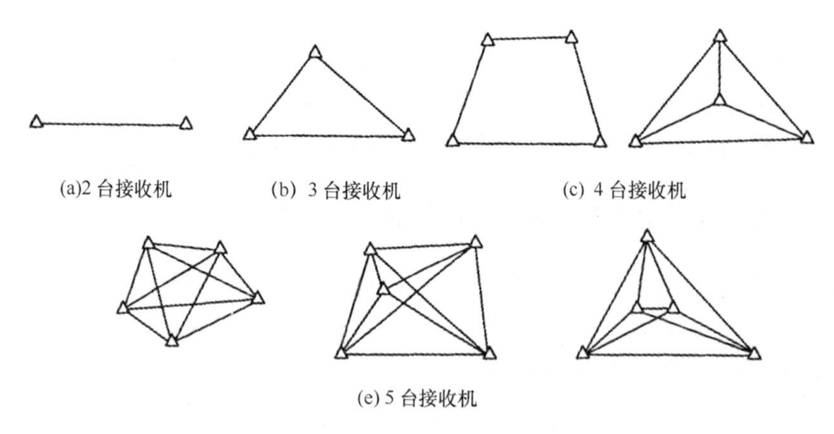

图 5.8 同步图形示例

同步环形成的基线数与接收机的台数有关,其关系为:基线总数 $=N(N-1)/2$,N 为接收机台数。如 3 台接收机测得的同步环,其总基线数为 3;独立基线数 $=N-1$,如 3 台接收机,测得的同步环,其独立基线数为 2,这是由于第三条基线可以由前两条基线计算得到。

(3) 多台接收机构成的异步图形设计

如控制网的点数比较多时,此时需将多个同步环相互连接,构成 GPS 网。GPS 网的精度

和可靠性取决于网的结构(与几何图形的形状即点的位置无关),而网的结构取决于同步环的连接方式(增加同步观测图形和提高观测精度是提高GPS成果精度的基础)。这是由于不同的连接方式,将产生不同的多余观测,多余观测多,则网的精度高、可靠性强。但应同时考虑工作量的大小,从而可进一步地进行优化设计。

GPS网的连接方式有:点连接、边连接、边点混合连接、网连等。

点连接,相邻同步环间仅有一个点相连接而构成的异步网图,如图5.9(a)所示。

边连接,相邻同步环间由一条边相连接而构成的异步环网图,如图5.9(b)所示。

边点混合连接,既有点连接又有边连接的GPS网,如图5.9(c)所示。

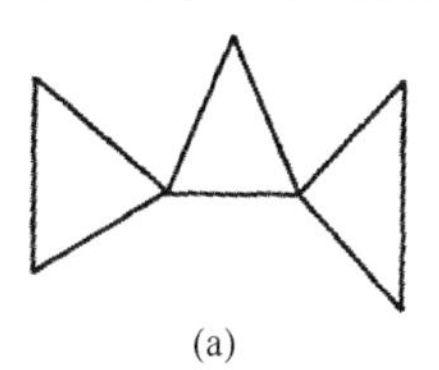

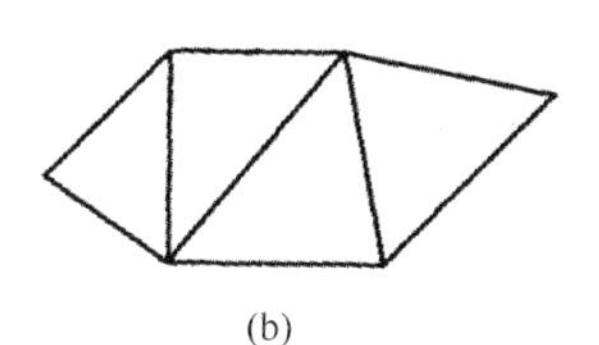

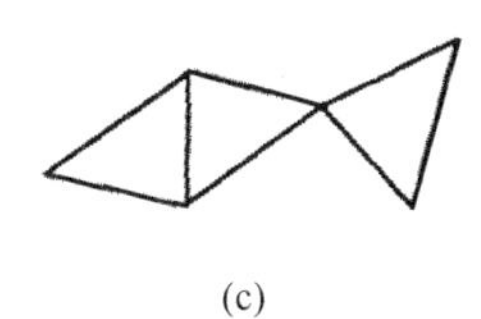

图5.9　GPS基线向量网布网的连接方式

GPS网的技术设计应在满足用户要求的前提下,尽量减少消耗,但必须满足《规程》中平均设站次数的要求。

网连接,相邻同步环间有3个以上公共点相连接,相邻同步图形间存在互相重叠的部分,即某一同步图形的一部分是另一同步图形中的一部分。这种布网方式需要$N \geqslant 4$,这样密集的布网方法,其几何强度和可靠性指标是相当高的,但其观测工作量及作业经费均较高,仅适用于网点精度要求较高的测量任务。

5.7.3　GPS控制测量的外业工作

(1)选点与埋设标志

由于GPS观测是通过接收天空卫星信号实现定位测量,一般不要求观测站之间相互通视。而且,由于GPS观测精度主要受观测卫星的几何状况的影响,与地面点构成的几何状况无关。因此,网的图形选择也较灵活。所以,选点工作较常规控制测量简单方便。但由于GPS点位的适当选择,对保证整个测绘工作的顺利进行具有重要的影响。所以,应根据控制测量的目的、精度、密度要求,在充分收集和了解测区范围、地理情况以及原有控制点的精度、分布和保存情况的基础上,进行GPS点位的选定与布设。在GPS点位的选点工作中,一般应注意:

a. 点位应紧扣测量目的布设。例如:测绘地形图,点位应尽量均匀;线路测量点位应为带状点对。

b. 应考虑便于其他测量手段联测和扩展,最好能与相邻1~2个点通视。

c. 点应选在便于到达的地方,便于安置接收设备。视野开阔,视场内周围障碍物的高度角一般应小于15°,特别是在无居民海岛使用测量中,地形多为山地丘陵,在条件允许的情况下,应尽量将设备安置在最高点。

d. 点位应远离大功率无线电发射源和高压输电线,以避免周围磁场对GPS信号的干扰。

e. 点位附近不应有对电磁波反射强烈的物体，例如：镜面建筑物等，以减弱多路径效应的影响。

f. 点位应选在地面基础坚固的地方，以便于保存。

g. 点位选定后，均应按规定绘制点之记，其主要内容应包括点位及点位略图以及选点情况等。

(2) 外业观测

GPS 观测与常规测量在技术要求上有很大差别，在无居民海岛测量的 GPS 控制网作业中，应按照《规范》中有关技术指标执行。观测步骤如下：

a. 安置天线：将天线架设在三脚架上，进行整平对中，天线的定向标志线应指向正北。

b. 开机观测：用电缆将接收机与天线进行连接，启动接收机进行观测；接收机锁定卫星并开始记录数据后，可按操作手册的要求进行输入和查询操作。

c. 观测记录：GPS 观测记录形式有以下两种，一种由 GPS 接收机自动记录在存储介质上；另一种是测量手簿，在接收机启动前和观测过程中由观测者填写，记录格式参见《规范》。

5.7.4 GPS 数据处理

GPS 测量数据处理可以分为观测值的粗加工、预处理、基线向量解算（相对定位处理）和 GPS 网或其与地面网数据的联合处理等基本步骤，其过程如图 5.10 所示。

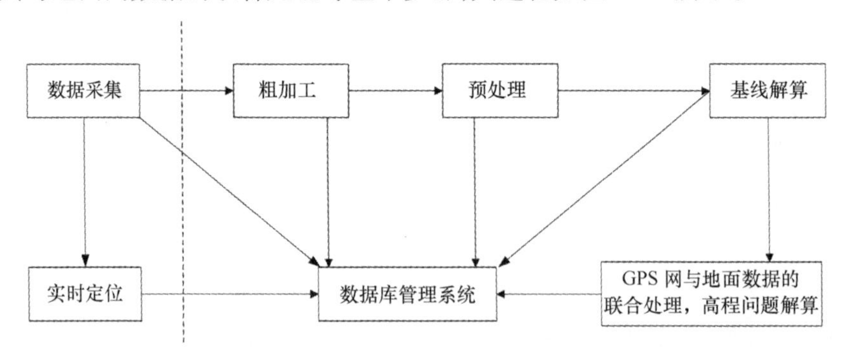

图 5.10 GPS 数据处理基本流程

(1) 粗加工和预处理

粗加工是将接收机采集的数据通过传输、分流，解译成相应的数据文件，通过预处理将各类接收机的数据文件标准化，形成平差计算所需的文件。预处理的主要目的在于：

a. 对数据进行平滑滤波，剔除粗差，删除无效或无用数据；

b. 统一数据文件格式，将各类接收机的数据文件加工成彼此兼容的标准化文件；

c. GPS 卫星轨道方程的标准化，一般用一多项式拟合观测时段内的星历数据（广播星历或精密星历）；

d. 诊断整周跳变点，发现并恢复整周跳变，使观测值复原；

e. 对观测值进行各种模型改正，最常见的是大气折射模型改正。

(2) 基线向量的解算

基线向量：如图 5.11 所示，两台 GPS 接收机 i 和 j 之间的相对位置，即基线 $\overrightarrow{ij}$，可以用某一坐标系下的三维直角坐标（$\Delta X_{ij}, \Delta Y_{ij}, \Delta Z_{ij}$）或大地坐标（$\Delta B_{ij}, \Delta L_{ij}, \Delta H_{ij}$）来表示，因

此,它是既有长度又有方向特性的矢量。基线解算一般采用双差模型,有单基线和多基线两种解算模式。

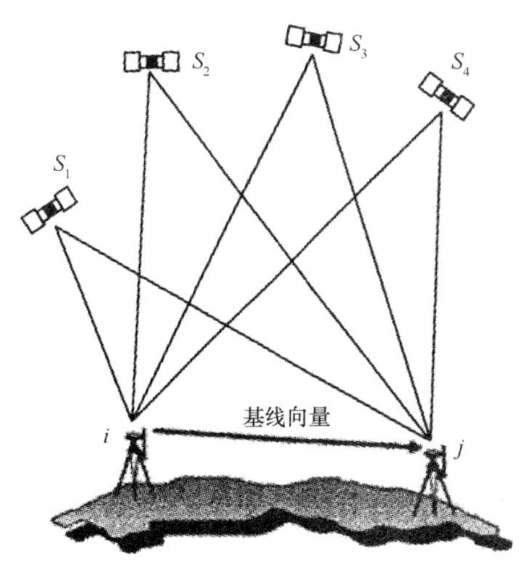

图5.11　基线向量图

(3)网平差

为了提高坐标测量精度,需要对 GPS 网进行平差计算。GPS 网平差的类型有多种,根据平差的坐标空间维数,可将 GPS 网平差分为三维平差和二维平差,根据平差时所采用的观测值和起算数据的类型,可将平差分为无约束平差、约束平差和联合平差等。

1)三维平差与二维平差

三维平差:平差在三维空间坐标系中进行,观测值为三维空间中的基线向量,解算出的结果为点的三维空间坐标。GPS 网的三维平差,一般在三维空间直角坐标系或三维空间大地坐标系下进行。

二维平差:平差在二维平面坐标系下进行,观测值为二维基线向量,解算出的结果为点的二维平面坐标。二维平差一般适合于小范围 GPS 网的平差。

2)无约束平差、约束平差和联合平差

无约束平差:GPS 网平差时,不引入外部起算数据,而是在 WGS84 系下进行的平差计算。

约束平差:GPS 网平差时,引入外部起算数据(如2000 国家坐标系的坐标、边长和方位)进行平差计算。在无居民海岛使用测量中,可使用该方法可将测得的 WGS84 坐标转换到2000 国家大地坐标系下。

联合平差:平差时所采用的观测值除了 GPS 观测值以外,还采用了地面常规观测值,这些地面常规观测值包括边长、方向、角度等。

第6章　无居民海岛使用测量案例

为了更好地解释和说明无居民海岛使用测量的技术要求和特殊性，选择无居民海岛A岛和无居民海岛B岛进行测量案例说明。

6.1　案例一——无居民海岛A岛使用测量

6.1.1　无居民海岛A岛概况

无居民海岛A岛位于东经118°50′，北纬39°9′，面积2.34 km^2，岛上多沙丘，植被覆盖率达98%。年平均气温10℃，年均日照2 579.1 h，年均降水量610 mm。该岛计划用于旅游开发。根据该岛的开发利用具体方案，无居民海岛开发过程中含有工程建筑，将会改变原有的植被分布面积和海岛海岸线长度。同时，为了申请该无居民海岛使用权，开展无居民海岛开发利用具体方案修订（主要是测量成果表和图的修订）、无居民海岛使用金评估等工作，需要测量无居民海岛使用的界址点坐标，分类型用岛面积，建筑物和设施占岛面积、建筑面积和高度，绘制无居民海岛使用的坐标图，计算植被改变面积和海岛海岸线改变长度。

6.1.2　已有资料

A岛测区1∶1 000 CAD格式地形图，该地形图投影带为高斯—克吕格投影面3°带第40投影带，中央子午线为120°00′00″，其使用的坐标系统为1980西安坐标系；高程基准为1985国家高程基准。

6.1.3　测量方案设计

A岛测区已有的1∶1 000 CAD格式地形图，是高斯－克吕格投影，能够满足于《无居民海岛使用测量规范》要求的界址点坐标精度、数字高程模型构建比例尺、建筑物和设施占岛面积及角点坐标精度等的要求，但该地形图是1980西安坐标系，与无居民海岛使用测量要求的2000国家大地坐标系的要求不符。本案例的关键是进行坐标转换，将1∶1 000地形图从1980西安坐标系转换为2000国家大地坐标系，然后根据转换后的地形图提取测量成果需要的各种数据。同时需要测量建筑物和设施的边长、高度数据。

对于地形图坐标系统转换，采用七参数法进行。本案例在用岛范围内均匀选择8个特征明显的点测量2000国家大地坐标系下的坐标。再根据转换参数，利用计算机软件将已有的地形图进行坐标系统的转换。

对于建筑物和设施边长、高度数据，采用全站仪、皮尺进行测量。

6.1.4 测量基准

采用2000国家大地坐标系,高斯－克吕格投影。由于该岛位于东经118°50′,北纬39°9′,按照“以与用岛范围中心相近的0.5°整数倍经线为中央经线”的要求,选择118°30′00″E为中央经线。

高程系统为1985国家高程基准。

6.1.5 主要仪器

本次A岛测量使用SF－2050 GPS接收机和RTS612苏州一光全站仪,仪器均由国家计量部门授权检定单位进行鉴定,其结果符合相关规范规定和本次测量精度要求,并在测量外业开始前按规范要求对仪器相关项目进行了常规检验,且检验结果表明所用仪器设备性能稳定、可靠。使用主要仪器设备如表6.1所示。

表6.1 仪器设备名称及标称精度

仪器设备名称	标称精度	数量
SF－2050 GPS接收机	实时StarFire™差分GPS精度 水平测量精度:<15 cm 垂直测量精度:<30 cm 速度精度:0.01 m/s	1台套 RTS612
苏州一光全站仪	角度:2″ 距离测量:±(2 mm＋2 ppm·D)	1台套
100米皮尺	1/2 000	1件

6.1.6 实测及数据处理

6.1.6.1 界址点测量

(1)特征点测量

以1:1 000地形图(1980西安坐标系)为基础,选取8个特征明显的点实测坐标,用于计算1:1 000地形图由1980西安坐标系向国家2000大地坐标系转换的参数。

特征点测量主要使用SF－2050 GPS接收机,GPS观测技术要求如下:

1)单点定位水平方向相对中误差优于0.2 m;

2)有效观测卫星数≥4;

3)时段中任一卫星有效观测时间≥20 min;

4)观测卫星高度角≥15°;

5)数据采样间隔15～60 s。

特征点坐标由接收机手簿中的eSurvey软件直接计算得到,精度控制:HRMS＝0.2 m,VRMS＝1 m。

(2)坐标转换

利用测量的8个特征点坐标,采用coord3.0软件,将1:1 000地形图由1980西安坐标系坐标转换到2000国家大地坐标系。

(3)界址点坐标提取

以1:1 000地形图(CGCS2000)为基础,提取界址点坐标,包括50个用岛范围顶点坐标和216个用岛区块顶点坐标。用岛范围以海岸线为界,用岛区块范围根据《A岛海岛开发利用方案》确定。

(4)测量精度评定

本次特征点测量采用StarFire™网络提供的GPS差分信号,其提供的精度:优于10 cm。因此测量的数据完全满足《无居民海岛使用测量规范》4.4中的精度要求。

6.1.6.2 建筑物和设施测量

(1)实测

建筑物和设施高度测量利用有棱镜全站仪,使用三角高程方法。建筑物和设施高度利用下面公式计算得到:

$$H = i + D \cdot \tan(90 - \alpha) \qquad (6-1)$$

其中H为建筑物和设施高度,i为仪器高,D为仪器到目标物的水平距离,α为天顶距。

建筑物和设施边长测量采用实地量距和地形图提取相结合的方法。面积计算严格按照《GB/T 50353-2005 建筑工程建筑面积计算规范》执行。

(2)测量精度评定

全站仪测量误差$\sigma_1 = D \times (2'' \times PI/(180 \times 3600))$,由于测区最大距离3 km,$\sigma_1 =$ 3 cm,因此测量最大误差$\sigma_{max} = 3$ cm。建筑物与设施边长测量使用皮尺量距方法,皮尺量距精度$\sigma_2 = D \times 1/2000$,建筑物与设施最大边长为80 m,因此测量最大误差$\sigma_{max} = 4\ cm$。测量精度完全满足《无居民海岛使用测量规范》4.4中的精度要求。

6.1.7 面积量算

6.1.7.1 用岛区块面积和用岛面积量算

(1)DEM生成

通过1:1 000地形图(CGCS2000)提取高程点及海岛海岸线,将高程点文件输入到ARCGIS软件中,同时叠加海岸线作为边界线,采用其三维分析模块,生成TIN(不规则三角网),再通过TIN文件生成分辨率为2.5 m×2.5 m的DEM,如图6.1所示。

(2)各用岛区块面积和分类型用岛面积计算

将生成的DEM与21个用岛区块的范围分别叠置,然后采用ARCGIS的三维分析功能,获取各区块DEM的自然表面形态面积。

由于DEM模拟的用岛范围的自然表面面积小于海岛投影面面积,各用岛区块面积按水平投影面面积计算。

相同类型用岛区块面积相加,获得该类型用岛面积。

(3)用岛面积计算

用岛面积通过各个用岛区块的面积相加获得。

6.1.7.2 岛体、岸线和植被改变量计算

根据《A岛海岛开发利用方案》,A岛开发利用不需要在本岛大规模开采土石。规划在

图 6.1　A 岛 2.5 m×2.5 m DEM

码头周边 500 m 范围内为码头岸线，将对原有的自然岸线造成破坏。经与现状植被分布区域对比，在岛北侧和中部规划用于房屋建设、道路广场、基础设施、港口码头等用岛，会改变原生草丛分布面积，不会造成乔木破坏。综上分析，A 岛开发利用会改变原有自然岸线和原生草丛。

由于测量中没有进行码头岸线起止点的现场指认，根据岸线利用和保护规划图的规划范围与地形图叠置，提取码头岸线长度。将原生草丛改变的范围与 DEM 叠置，计算得出原生草丛的破坏面积。

6.1.8　测量成果图

由于 A 岛界址点较多，A4 幅面对于图件要表达的信息显示不清楚，按照《无居民海岛使用测量规范》的要求增加了分幅。如建筑物和设施布置如图 6.2 ~ 图 6.4 所示。

建筑物和设施布置图

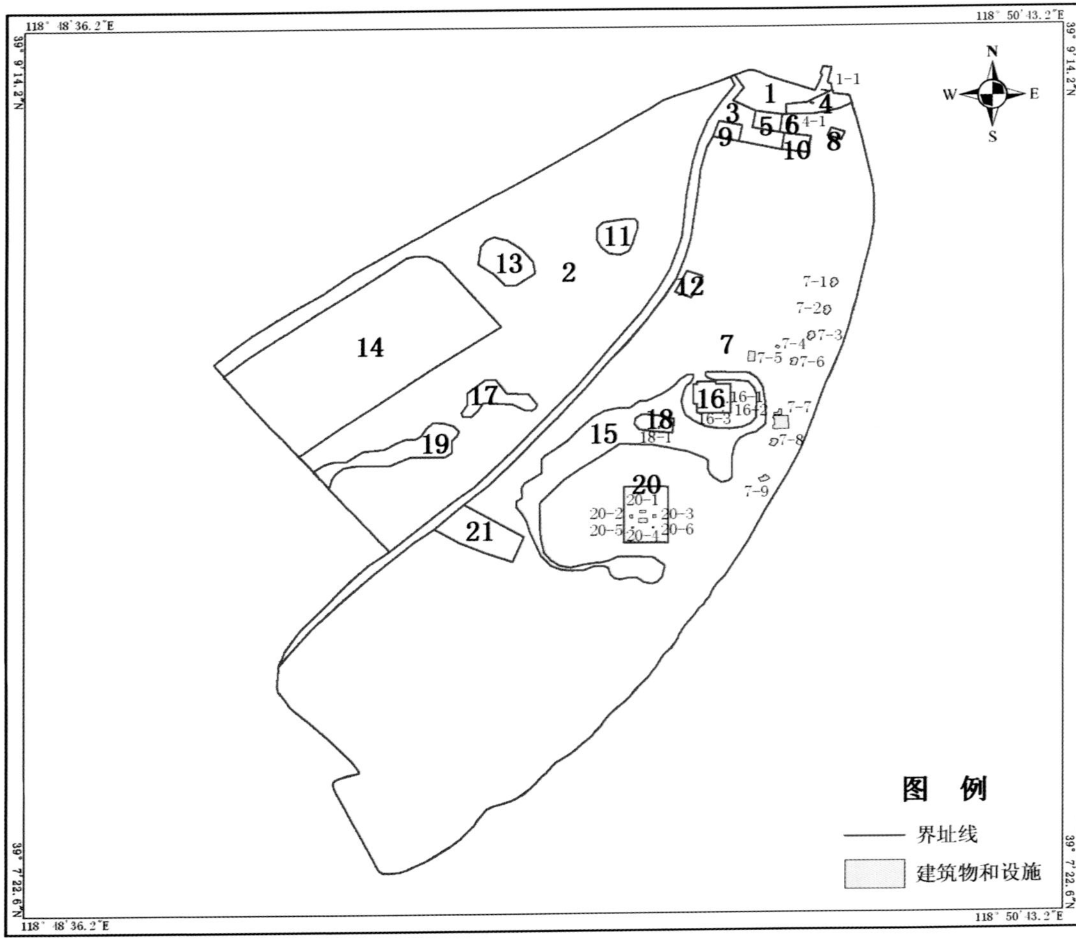

编号	建筑物和设施名称	占岛面积(m^2)
1—1	菩提岛牌坊	48
4—1	游客服务站	61
7—1	英式别墅	541
7—2	英式别墅	541
7—3	英式别墅	541
7—4	供热站	105
7—5	网球场	793
7—6	美式别墅	512
7—7	会馆	1431
7—8	美式别墅	512
7—9	美式别墅	512
16—1	亭子	6
16—2	亭子	10
16—3	亭子	5
18—1	观音台牌坊	28
20—1	潮音寺后殿	177
20—2	潮音寺偏殿	91
20—3	潮音寺偏殿	91
20—4	潮音寺正殿	403
20—5	潮音寺钟楼	29
20—6	潮音寺鼓楼	29
合计		6466

坐标系	2000国家大地坐标系	比例尺	1：22000
投影方式	高斯-克吕格	中央经线	118.5° E
测量单位	（填写后需加盖测量资质单位印章）		
测量人		绘图人	
绘制日期		审核人	

图 6.2　A 岛建筑物和设施布置图

建筑物和设施布置图（分幅1）

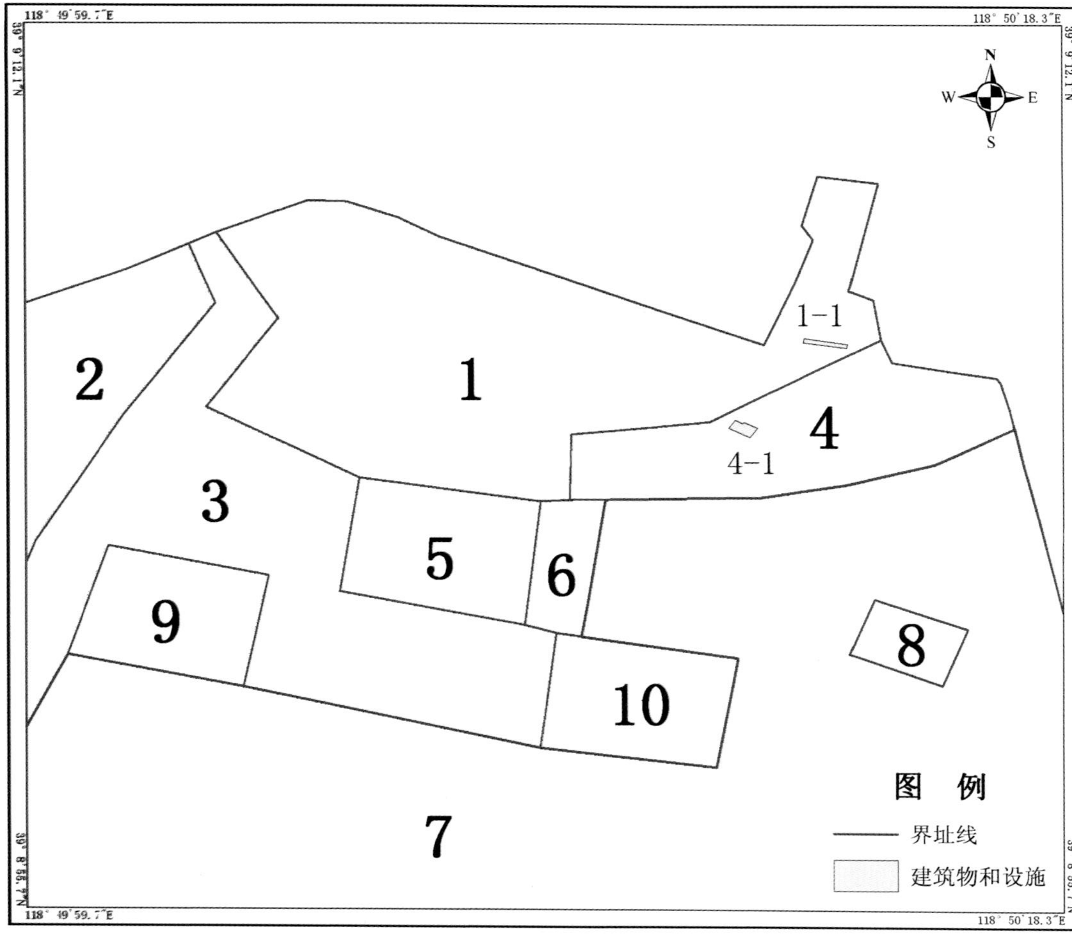

编号	建筑物和设施名称	占岛面积(m^2)
1—1	菩提岛牌坊	48
4—1	游客服务站	61

坐标系	2000国家大地坐标系	比例尺	1:3000
投影方式	高斯-克吕格	中央经线	118.5° E
测量单位	（填写后需加盖测量资质单位印章）		
测量人		绘图人	
绘制日期		审核人	

118° 49′59.7″E　118° 50′18.3″E　39° 9′12.1″N　39° 8′55.7″N

N　W　E　S

1　2　3　4　5　6　7　8　9　10　1-1　4-1

图　例

界址线

建筑物和设施

图 6.3　A 岛建筑物和设施布置图(分幅 1)

建筑物和设施布置图（分幅2）

118° 49′41.2″E　118° 50′21.8″E　39° 8′43.6″N　39° 8′7.9″N

3　12　7　7-1　7-2　7-3　7-4　7-5　7-6　7-7　7-8　7-9　8　15　16　16-1　16-2　16-3　18　18-1　20　20-1　20-2　20-3　20-4　20-5　20-6

N　E　S　W

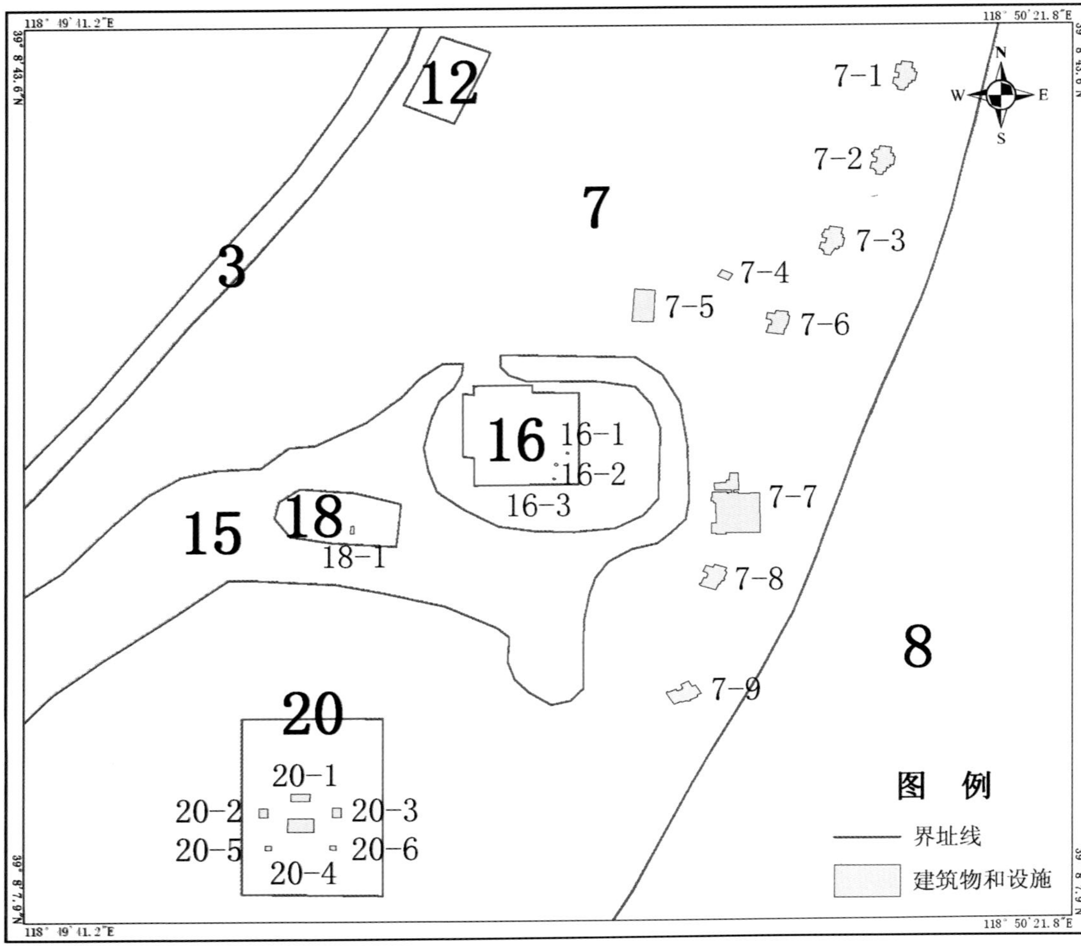

编号	建筑物和设施名称	占岛面积(m^2)
7—1	英式别墅	541
7—2	英式别墅	541
7—3	英式别墅	541
7—4	供热站	105
7—5	网球场	793
7—6	美式别墅	512
7—7	会馆	1431
7—8	美式别墅	512
7—9	美式别墅	512
16—1	亭子	6
16—2	亭子	10
16—3	亭子	5
18—1	观音台牌坊	28
20—1	潮音寺后殿	177
20—2	潮音寺偏殿	91
20—3	潮音寺偏殿	91
20—4	潮音寺正殿	403
20—5	潮音寺钟楼	29
20—6	潮音寺鼓楼	29

坐标系	2000国家大地坐标系	比例尺	1:7000
投影方式	高斯-克吕格	中央经线	118.5° E
测量单位	（填写后需加盖测量资质单位印章）		
测量人		绘图人	
绘制日期		审核人	

图　例

界址线

建筑物和设施

图 6.4　A 岛建筑物和设施布置图(分幅 2)

6.2　案例二——无居民海岛B岛使用测量

6.2.1　B岛情况

B岛隶属由某公司进行整岛开发利用，用于旅游开发。用岛范围内有观光旅游用岛、种养殖业用岛、房屋建设川岛、道路广场用岛、港口码头用岛等用岛类型，用岛范围内含有建筑工程。

为申请无居民海岛使用权，开展无居民海岛开发利用具体方案编制、无居民海岛使用金评估等工作，需要测量无居民海岛使用的界址点坐标，分类型用岛面积，建筑物和设施占岛面积、建筑面积和高度，绘制无居民海岛使用的坐标图。

6.2.2　已有资料

1∶10 000地形图，2000国家大地坐标系，1985国家高程基准。

6.2.3　测量方案设计

B岛用岛范围内含有建筑工程，需要构建1∶5 000的数字高程模型。因此需要对现有地形图进行加密测量，得到2000国家大地坐标下的1∶5 000地形图。同时在1∶5 000地形图基础上，进行用岛范围界址点的测量和提取、用岛区块界址点的测量，还需要进行建筑物和设施占岛面积、边长和高度、角点坐标的测量。

对于地形图测量，主要使用RTK；对于建筑物和设施边长和高度测量，主要使用全站仪；对于建筑物和设施角点坐标测量，使用RTK和全站仪。

6.2.4　测量基准

采用2000国家大地坐标系，高斯-克吕格投影。由于该岛位于东经121°35′，北纬29°12′，按照“以与用岛范围中心相近的0.5°整数倍经线为中央经线”的要求，以121°30′00″E为中央经线。

6.2.5　主要仪器设备

本次B岛测量使用的仪器设备如表6.2所示，均由国家计量部门授权检定单位进行过鉴定，其结果符合相关规范规定和本次测量精度要求，并在测量外业开始前按规范要求对仪器相关项目进行了常规检验，且检验结果表明所用仪器设备性能稳定、可靠。

表6.2　使用的仪器型号、规格、数量、检校情况

名称	型号、规格	数量	检校情况
GPSRTK	Trimble R7	1台	良好
	Trimble R8	2台	
拓普康全站仪	GPT3005N	1台	良好

6.2.6 四等 GPS 控制测量

6.2.6.1 GPS 观测

GPS 平面控制网的观测采用 GPSRTK 仪器以静态方式进行观测。具体情况如下：

卫星高度角≥15°

有效卫星总数≥4

观测时段长度≥45 min

数据采样间隔为 15 s

PDOP 值≤6

同步观测接收机台数≥3

平均重复设站数≥1.6

作业时接收机天线严格整平、对中，天线高的量测精确到毫米级，每时段观测前、中、后各量取天线高一次，三次互差小于 3 mm 时取其平均值作为最后结果。

每天外业观测完成后从接收机上下载原始观测值数据，对这些数据进行必要的检查并输入测站点名、天线高等，并将数据转换至标准 RINEX 格式。

6.2.6.2 GPS 观测数据基线处理

GPS 基线解算采用 Trimble 随机软件 TGO 进行，为了获得2000 国家大地坐标系成果，本次选取 SHAO、WUHN、TNML 三站与四等 GPS 控制网进行联合解算，参考框架与参考历元同 2000 国家 GPS 大地控制网的参考框架与参考历元保持一致，即参考框架为 ITRF97，参考历元为 2 000.0。

基线解算的质量控制指标均满足《卫星定位城市测量技术规范》5.4.3 要求。

6.2.6.3 GPS 网平差

以 SHAO、WUHN、TNML 三点 2000 国家大地坐标为已知点，系采用武汉大学 COSA 软件进行三维约束平差。

GPS 网平差的质量控制指标均满足《卫星定位城市测量技术规范》5.4.4 款要求。

6.2.7 碎步点测量

碎步点测量包括界址点、高程点测量。

(1) 测量方法

界址点测量包括 B 岛用岛范围顶点和用岛区块顶点测量。用岛范围以海岛海岸线为界，用岛范围顶点采用 GPS 定位法测量，并结合已有图件提取相结合方法获取，总计用岛范围顶点 537 个。用岛区块顶点采用 GPS 定位法进行界址点测量，总计用岛区块顶点 134 个。

高程点测量，对用岛范围内地形按照 1:5 000 DEM 构建要求进行了高程点测量，但难以到达的区域高程点通过图件提取获得。

(2) 测量质量控制及精度

测量主要使用 GPSRTK 设备，测量时采用测区内 4 个四等 GPS 控制点作为高等级校正点，做到了：

a. 执行完点校正计算后的水平残差不大于 2 cm；

b. 点校正合格后，在开始测量前选取至少1个测区内的已知点（未参与点校正）进行检核，且与已知坐标之差不大于5 cm；

c. 基准站需设于测区内参与校正的已知点上，电台的发射与流动站的接收频率一致；

d. 所有的观测均应在RTK固定解稳定收敛至mm级精度一分钟后开始，观测时其有效采样数据时间不低于5 s。

碎步点测量精度检核：由检查员用GPSRTK，采用已知点比较法或重测比较法进行了精度检核，点位中误差均不超过±0.5 m。

6.2.8 用岛区块面积和用岛面积量算

将实测获得的高程点数据以及地形图提取高程点数据文件输入到ARCGIS软件中，同时叠加海岸线、界址线作为边界线，采用其三维分析模块，生成TIN（不规则三角网），再通过TIN文件生成分辨率为2.5 m×2.5 m的DEM（数字高程模型）。然后采用ARCGIS的三维分析功能，获取各区块用岛面积。

DEM计算的用岛范围的自然表面形态面积小于B岛用岛范围水平投影面积，用岛面积通过各个用岛区块的表面面积相加获取。

6.2.9 建筑物和设施测量

6.2.9.1 测量

B岛建筑物和设施测量主要内容包括角点坐标测量、高度测量、边长测量，测量对象有宾馆房屋、游泳池、2个瞭望台、2个水库、1个水塔、1个发电机房、小码头附近3个房屋。

建筑物和设施角点坐标采用GPS定位法，高度测量采用三角高程法，边长测量采用解析法。测量使用GPSRTK或全站仪数据采集等方法进行。

GPS-RTK测量时质量控制及精度按碎步点测量要求进行，全站仪测量时由检查员用采用了已知点比较法或重测比较法进行了精度检核，点位中误差均不超过±0.5 m，保证建筑物形状不发生变化。

6.2.9.2 占岛面积、建筑面积计算

利用建筑物和设施边长测量结果，建筑物和设施占B岛面积根据建筑物和设施外缘线围成区域的水平投影面，采用解析法或几何图形计算方法计算得到。

建筑物建筑面积参照GB/T 50353-2005中“3 计算建筑面积的规定”要求，采用解析法或几何图形计算方法得到。

附件1　无居民海岛使用测量规范

1　范围

本标准规定了无居民海岛使用权界址坐标、用岛区块面积、用岛面积、建筑物和设施占岛面积、建筑面积和高度等内容测量的基本要求。

2　规范性引用文件

下列文件对于本文件的应用是必不可少的。凡是注日期的引用文件,仅注日期的版本适用于本文件。

GB 17501－1998　海洋工程地形测量规范

GB/T 17941.1－2000　数字测绘产品质量要求　第1部分:数字线划地形图、数字高程模型质量要求

GB/T 50353－2005　建筑工程建筑面积计算规范

GB/T 18314－2009　全球定位系统(GPS)测量规范

3　术语和定义

3.1　海岛

四面环海水并在高潮时高于水面的自然形成的陆地区域。

3.2　无居民海岛

不属于居民户籍管理的住址登记地的海岛。

3.3　无居民海岛使用

持续使用特定无居民海岛或无居民海岛上特定区域的排他性用岛活动。

3.4　用岛类型

根据无居民海岛使用的主要方式划分的基本类型。

注:用岛类型包括填海连岛、土石开采、房屋建设、仓储建筑、港口码头、工业建设、道路广场、基础设施、景观建筑、游览设施、观光旅游、园林草地、人工水域、种养殖业和林业用岛。

3.5　用岛区块

无居民海岛使用范围内按不同用岛类型划分的若干区域。

3.6　界址点

用于界定无居民海岛使用范围及其内部用岛区块界线的拐点,包括用岛范围顶点和用岛区块顶点。

3.7 用岛区块面积

用岛区块的自然表面形态面积。

3.8 用岛面积

无居民海岛使用范围内的自然表面形态面积，等于各用岛区块面积之和。

3.9 海岛投影面面积

海岛海岸线围成区域的水平投影面面积。

3.10 占岛面积

建筑物和设施外缘线围成区域的水平投影面面积。

4 总则

4.1 测量目的

为无居民海岛管理部门、使用单位或个人提供无居民海岛使用权界址坐标、用岛区块面积和用岛面积，以及无居民海岛使用范围内建筑物和设施的占岛面积、建筑面积和高度等数据。

4.2 测量内容

（1）界址点坐标测量，包括用岛范围顶点坐标和用岛区块顶点坐标的测量；

（2）用岛区块面积和用岛面积计算；

（3）建筑物和设施占岛面积、建筑面积计算，建筑物和设施高度测量；

（4）土石采挖量、岸滩和植被减少面积、海岛海岸线改变长度计算。

4.3 测量基准

坐标系统采用2000国家大地坐标系（CGCS2000）。

4.4 测量精度

（1）界址点坐标的点位中误差不超过 ±0.5 m。

（2）建筑物和设施边长中误差不超过 $\pm(0.1\ \mathrm{m}+D\times10^{-5})$，高度中误差不超过 $\pm(0.1\ \mathrm{m}+D\times10^{-3})$。

注：D是指建筑物和设施边长或者高度，单位：m。

4.5 测量成果

4.5.1 测量成果内容

测量成果包括测量工作报告、测量成果表及图件。

4.5.2 测量工作报告

测量工作报告应包括如下内容：

a. 无居民海岛位置、自然地理条件、用岛范围概况等；

b. 仪器设备、测量基准、测量方法、测量精度分析等；

c. 数据处理方案、所采用的软件、投影方式等；

d. 测量成果。

4.5.3　测量成果表

测量成果表记录经处理和检验后的测量成果数据，包括界址点坐标、用岛面积、用岛区块面积、建筑物和设施占岛面积、建筑面积和高度等（格式见附录A）。

4.5.4　测量成果图件

4.5.4.1　图件组成

测量成果图件包括无居民海岛使用的位置图、分类型界址图、建筑物和设施布置图。

4.5.4.2　图件内容

（1）位置图

位置图表示无居民海岛在海区中的位置及用岛范围在无居民海岛上的位置。应包括基础地理要素、海岛海岸线和用岛范围、用岛范围顶点编号及坐标。

对于同一个用岛项目，用岛范围顶点编号以西北点为起点，按顺时针顺序从（1）开始，连续顺编。

（2）分类型界址图

分类型界址图表示用岛范围内所有用岛区块分布。应包括用岛范围、用岛范围顶点、用岛区块顶点及其坐标、用岛区块编号、界址线。

对于同一个用岛项目，用岛区块编号按从北到南、从西到东顺序，从1开始，连续顺编。

对于同一个用岛项目，用岛区块顶点编号以用岛区块为单元，以各用岛区块的西北点为起点，按顺时针顺序连续顺编。其中用岛区块1的顶点编号从用岛范围顶点编号后连续顺编；用岛区块2的顶点编号从用岛区块1的顶点编号后连续顺编，以此类推。用岛区块顶点编号与用岛范围顶点或相邻用岛区块顶点重合的，不重复编号。

（3）建筑物和设施布置图

建筑物和设施布置图表示用岛范围内建筑物和设施的分布。应包括建筑物和设施的名称、编号、分布位置和占岛面积。

对于同一个用岛项目，建筑物和设施编号由用岛区块编号与建筑物和设施代码两部分组成，用“—”连接。同一个用岛区块内部建筑物和设施代码按从北到南、从西到东顺序，从1开始，连续顺编。

4.5.4.3　图件投影

采用高斯－克吕格投影，以与用岛范围中心相近的0.5°整数倍经线为中央经线。

4.5.4.4　图件版式

图件应有四至坐标、比例尺、方向、投影方式、中央经线、测量单位及测量人员等说明内容。无居民海岛使用的位置图、分类型界址图、建筑物和设施布置图的样式分别见附录B、附录C、附录D。有关图例按照附录E要求执行。图件输出采用A4幅面，对于图面内容复杂且表示不清楚的区域应增加分幅。

4.6　测量仪器及要求

4.6.1　测量仪器

无居民海岛使用测量可使用GPS、测距仪、经纬仪、全站仪、皮尺等仪器设备。

4.6.2　测量仪器要求

1）测量仪器的性能指标应能满足4.4规定的测量精度要求。

2）测量仪器应按国家规定进行计量检定或校准，检定或校准合格后的测量仪器方能应用于无居民海岛使用测量工作中。

4.7 测量单位和人员

4.7.1 测量单位

承担无居民海岛使用测量任务的单位，应当依法取得测绘资质证书，并且应在规定的有效期内。

4.7.2 测量人员

测量人员应参加无居民海岛使用测量培训。

测量人员应熟悉无居民海岛使用管理的有关规定。对于违反无居民海岛使用管理要求的测量任务，测量人员有责任提出修改意见。测量任务委托方不同意修改的，测量人员应拒绝测量。

4.8 周边海域测量

无居民海岛开发利用涉及周边海域的，周边海域按照海域使用测量的有关规定和技术规范执行。

5 测量方案

在现场施测前，应收集无居民海岛开发利用具体方案或开发利用现状、地形图、DEM数据等有关资料，在此基础上制定测量方案。测量方案包括测量内容、测点布设方案、测量方法、解算方法、测量仪器设备配置、测量人员等主要内容。

6 界址点测量

6.1 用岛范围界定

用岛申请过程中，用岛范围以规划使用的范围为界，其中规划图含有精确坐标的，可以通过规划图确定规划使用范围；规划图不含精确坐标的，应进行实测。

无居民海岛经批准开发利用后，应对实际使用范围进行勘测核查。

6.2 界址点选取与界桩设置

用岛范围及其内部用岛区块边界自然形态明显转变的拐点应作为界址点。

局部用岛的，除海岛海岸线部分，用岛范围顶点应经海岛审批部门和用岛申请人现场确认后设置混凝土或钢质界桩。

6.3 施测

一般采用GPS定位法、解析交会法和极坐标定位法进行施测。施测具体要求参照GB/T18314－2009、GB 17501－1998执行。

6.4 数据处理

外业测量资料，应及时整理并加入各项必要的改正，检查合格后方可计算。

根据检查合格后的实测数据，确定界址点的点位坐标。

坐标采用大地坐标（＊＊＊°＊＊′＊＊.＊＊″）形式表示，保留秒后小数点两位数字。

7 建筑物和设施测量

7.1 建筑物和设施高度测量

7.1.1 高度认定

(1)对于平面屋顶的建筑物和设施,应测量屋顶楼面到室外地坪的相对高度。

(2)对于坡屋面或其他曲面屋顶的建筑物和设施,应测量屋顶最高点至室外地坪的相对高度。

7.1.2 高度测量方法

可采用实地垂线丈量法、光电测距法、三角高程法、前方交会法等方法测量建筑物和设施高度。

高度单位为米,结果取小数点后1位。

7.2 建筑物和设施边长测量

采用实地丈量法、光电测距法等方法测量建筑物和设施外缘线投影的边长。

边长单位为米,结果取小数点后1位。

8 面积、体积和长度计算

8.1 用岛面积和用岛区块面积计算

通过构建数字高程模型,计算用岛区块面积和用岛面积。

8.1.1 数字高程模型构建

含工程建设或者土石开采的无居民海岛使用项目,构建比例尺不小于1∶5 000的数字高程模型,其他的无居民海岛使用项目,构建比例尺不小于1∶10 000的数字高程模型。格网尺寸、高程精度和接边精度按GB/T 17941.1－2000执行。

构建数字高程模型应当优先选用大比例尺数据。

8.1.2 用岛区块面积计算

将用岛范围与数字高程模型准确叠置,利用计算机图形处理系统计算用岛范围自然表面形态面积和各用岛区块自然表面形态面积。

各用岛区块面积通过下面公式计算:

$$S = M_K \times \frac{M}{M_{KZ}}$$

式中,S为用岛区块面积;

M_K为DEM计算的用岛区块自然表面形态面积;

M为DEM计算的用岛范围自然表面形态面积;

M_{KZ}为DEM计算的用岛范围内所有用岛区块自然表面形态面积的和。

其中,DEM计算的用岛范围的自然表面形态面积小于用岛范围水平投影面积的,用岛区块面积按水平投影面积计算。

用岛范围涉及海岛海岸线的部分,以海岸线为用岛范围边界。海岛海岸线通过实际测量或者有效图件提取获得,测量精度不低于构建的数字高程模型精度。

面积单位为公顷,结果保留4位小数。

8.1.3 用岛面积计算

各用岛区块的面积相加，获得用岛面积。

8.2 海岛投影面面积计算

海岛投影面面积根据海岛海岸线围成区域的水平投影面，采用平面解析法计算得到。

面积单位为公顷，结果保留4位小数。

8.3 建筑物和设施占岛面积计算

建筑物和设施占岛面积根据建筑物和设施外缘线围成区域的水平投影面，采用几何图形计算方法计算得到。

面积单位为平方米，结果取整数。

8.4 建筑物建筑面积计算

参照GB／T 50353－2005中"3 计算建筑面积的规定"要求执行。

面积单位为平方米，结果取整数。

8.5 其他数值计算

8.5.1 岛体体积和土石采挖量计算

利用8.1.1构建的数字高程模型，与岛体、土石采挖范围准确叠置，计算岛体体积、土石采挖量。涵洞式或坑道式采挖，按实际土石采挖量计算。

岛体体积和土石采挖量单位为立方米，结果取整数。

8.5.2 岸滩和植被面积及减少面积计算

岸滩和植被（含乔木、灌木、草地三种类型）面积、减少范围应当现场实测获取。面积较大不能实测获取的，利用8.1.1构建的数字高程模型，与岸滩和植被覆盖范围、减少范围准确叠置，分别计算岸滩和植被覆盖的自然表面形态面积、减少范围自然表面形态面积。

面积单位为平方米，结果取整数。

8.5.3 海岛海岸线长度及改变长度计算

海岛海岸线（含自然岸线和人工岸线两种类型）长度及改变长度应当依据现场实测数据计算。确实不能实测的，按照8.1.2要求图上获取。

长度单位为米，结果取整数。

9 归档

承担测量的单位应对测量资料和成果进行归档。

附录 A　测量成果表

A－1　界址点坐标测量成果表

无居民海岛名称			用岛项目名称		
委托方名称			测量单位名称		
坐标系			测量时间		
编号	北纬 (yy°yy′yy. yy″)	东经 (xxx°xx′xx. xx″)	编号	北纬 (yy°yy′yy. yy″)	东经 (xxx°xx′xx. xx″)

注:(1)至(N)为用岛范围顶点坐标,(N+1)至(M)为其他用岛区块顶点坐标。

A－2　分类型用岛面积测量成果表

区块编号	用岛类型	用岛面积(ha)	备注
合计(用岛面积)			

A－3　建筑物和设施测量成果表

编号	名称	占岛面积(m^2)	建筑面积(m^2)	高度(m)	备注

A－4　其他数值计算成果表

类别	数值
土石采挖量	m^3
岸滩减少面积	m^2
乔木减少面积	m^2
灌木减少面积	m^2
草地减少面积	m^2
海岛自然海岸线改变长度	m
海岛人工海岸线改变长度	m

测量人：　　　　　　　　　　　　审核人：

附录B 位置图

16K宋体→位置图

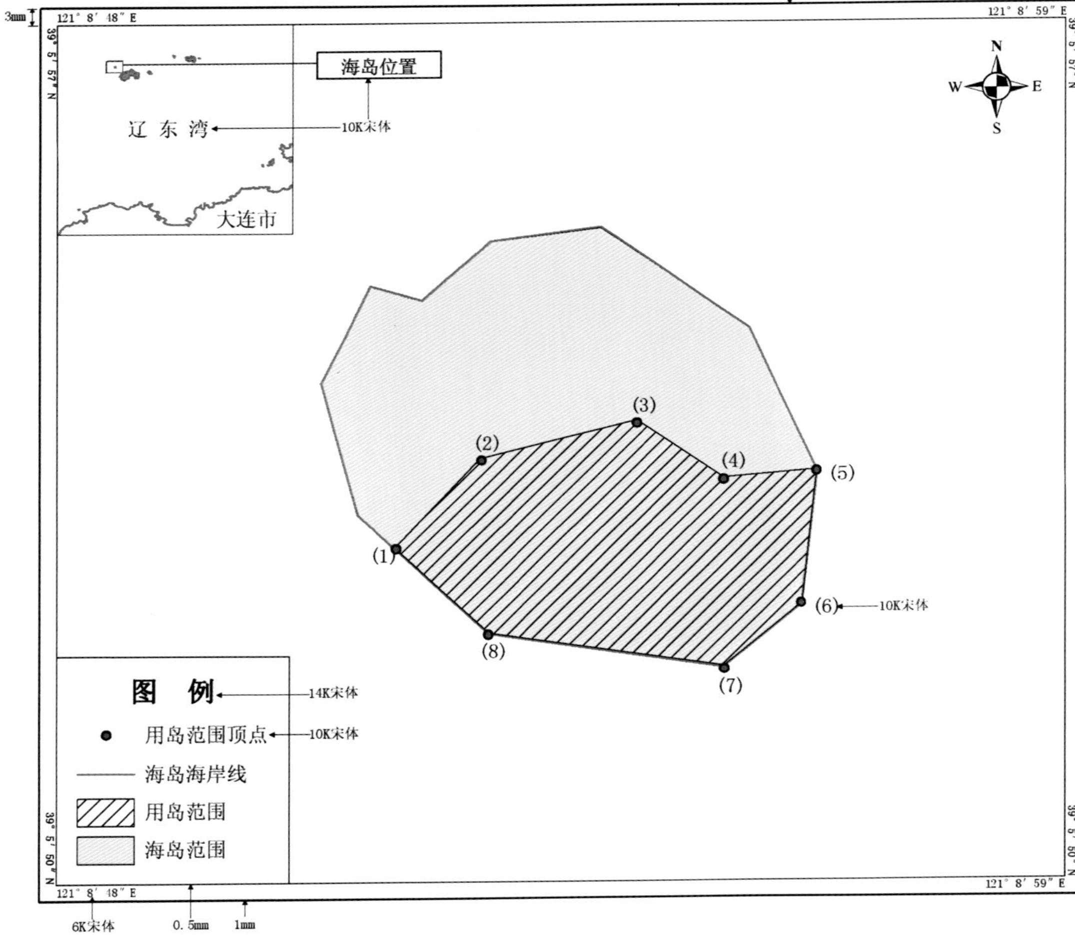

3mm

121°8′48″E　121°8′59″E

39°5′57″N　39°5′50″N

海岛位置 ←10K宋体

辽东湾 ←10K宋体

大连市

N　W　E　S

(1)　(2)　(3)　(4)　(5)　(6)←10K宋体　(7)　(8)

图例 ←14K宋体

● 用岛范围顶点 ←10K宋体

—— 海岛海岸线

用岛范围

海岛范围

用岛范围顶点编号及坐标（纬度丨经度）		
(1)	yy° yy′ yy.yy″	xxx° xx′ xx.xx″
(2)	yy° yy′ yy.yy″	xxx° xx′ xx.xx″
(3)	yy° yy′ yy.yy″	xxx° xx′ xx.xx″
(4)	yy° yy′ yy.yy″	xxx° xx′ xx.xx″
(5)	yy° yy′ yy.yy″	xxx° xx′ xx.xx″
(6)	yy° yy′ yy.yy″	xxx° xx′ xx.xx″
(7)	yy° yy′ yy.yy″	xxx° xx′ xx.xx″
(8)	yy° yy′ yy.yy″	xxx° xx′ xx.xx″

（表格行数可根据用岛范围顶点个数调整，可加附页）

用岛范围	(1)-(2)-(3)-(4)-(5)-(6)-(7)-(8)-(1)

坐标系		比例尺	
投影方式		中央经线	
测量单位	（填写后需加盖测量资质单位印章）		
测量人		绘图人	
绘制日期		审核人	

6K宋体　0.5mm　1mm　9K宋体

附录C　分类型界址图

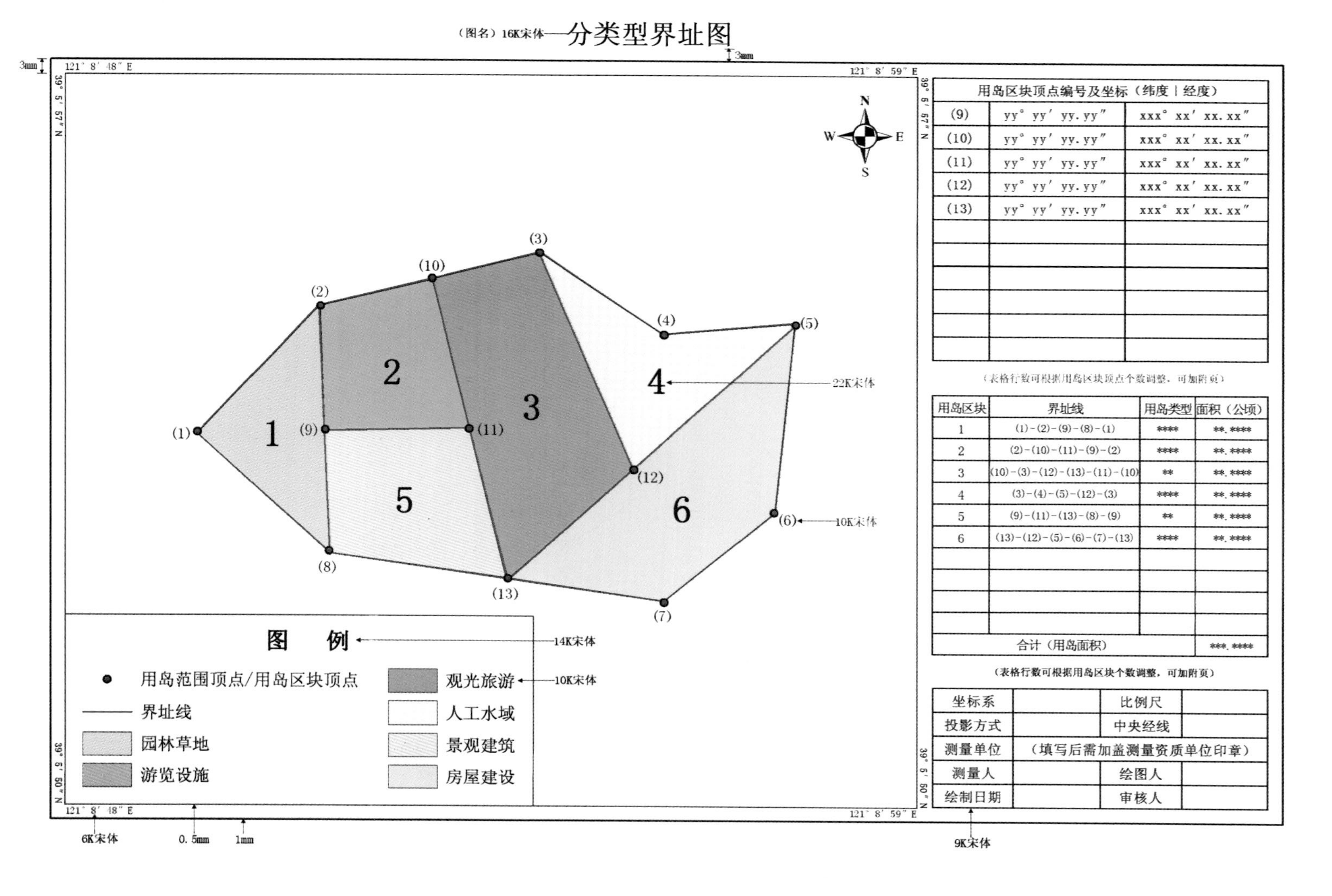

用岛区块顶点编号及坐标（纬度丨经度）		
(9)	yy° yy′ yy.yy″	xxx° xx′ xx.xx″
(10)	yy° yy′ yy.yy″	xxx° xx′ xx.xx″
(11)	yy° yy′ yy.yy″	xxx° xx′ xx.xx″
(12)	yy° yy′ yy.yy″	xxx° xx′ xx.xx″
(13)	yy° yy′ yy.yy″	xxx° xx′ xx.xx″

（表格行数可根据用岛区块顶点个数调整，可加附页）

用岛区块	界址线	用岛类型	面积（公顷）
1	(1)-(2)-(9)-(8)-(1)	****	**.****
2	(2)-(10)-(11)-(9)-(2)	****	**.****
3	(10)-(3)-(12)-(13)-(11)-(10)	**	**.****
4	(3)-(4)-(5)-(12)-(3)	****	**.****
5	(9)-(11)-(13)-(8)-(9)	**	**.****
6	(13)-(12)-(5)-(6)-(7)-(13)	****	**.****
合计（用岛面积）			***.****

（表格行数可根据用岛区块个数调整，可加附页）

坐标系		比例尺	
投影方式		中央经线	
测量单位	（填写后需加盖测量资质单位印章）		
测量人		绘图人	
绘制日期		审核人	

附录D　建筑物和设施布置图

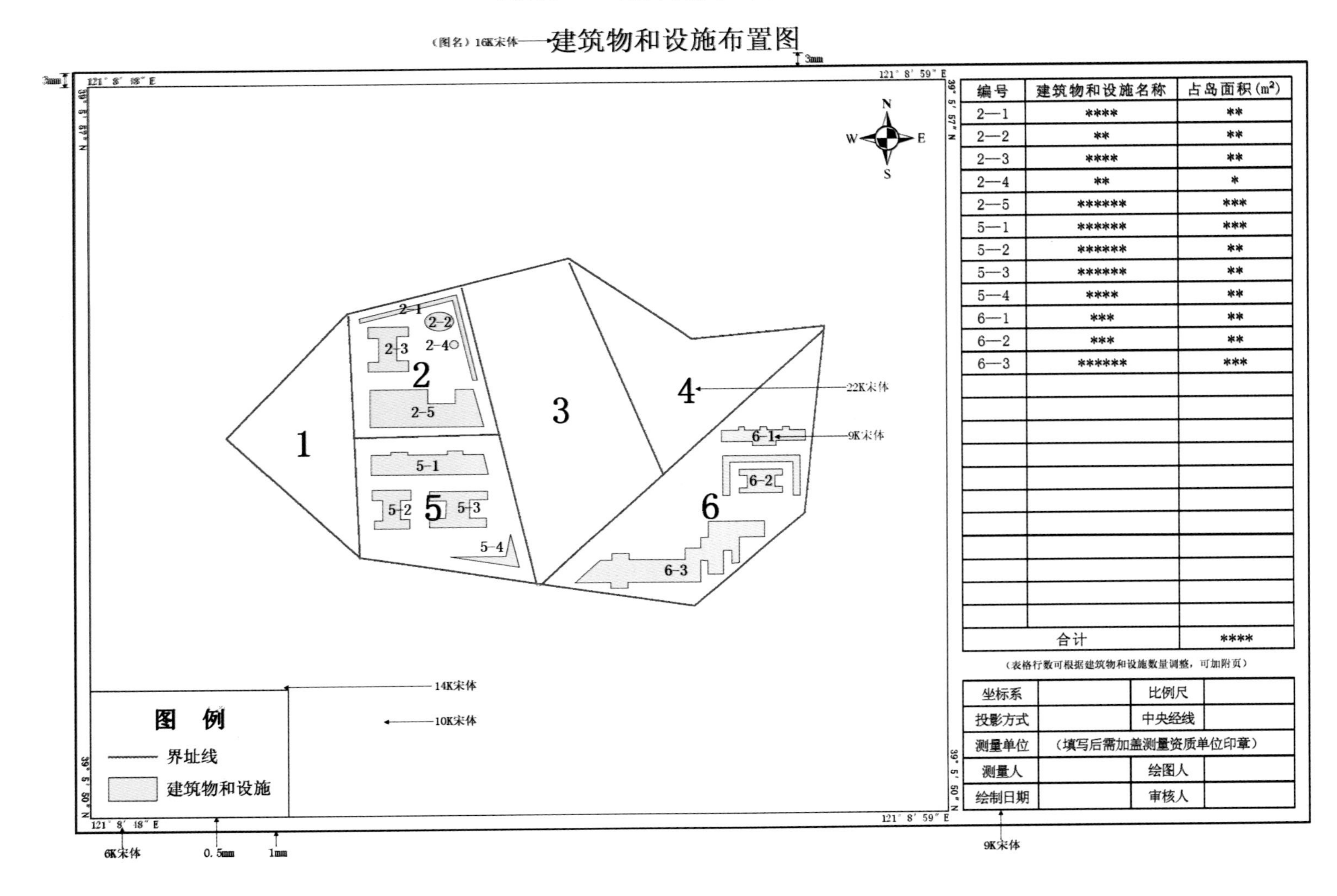

编号	建筑物和设施名称	占岛面积（m²）
2—1	****	**
2—2	**	**
2—3	****	**
2—4	**	*
2—5	******	***
5—1	******	***
5—2	******	**
5—3	******	**
5—4	****	**
6—1	***	**
6—2	***	**
6—3	******	***
合计		****

（表格行数可根据建筑物和设施数量调整，可加附页）

坐标系		比例尺	
投影方式		中央经线	
测量单位	（填写后需加盖测量资质单位印章）		
测量人		绘图人	
绘制日期		审核人	

9K宋体

附录E 图 例

用岛范围顶点/用岛区块顶点

填充颜色 RGB（255，0，0）

界址线

线划颜色 RGB（255，0，0）
线划宽度 1mm

海岛海岸线

线划颜色 RGB（0，147，221）
线划宽度 1mm

用岛范围

填充线颜色 RGB（0，0，0）
填充线宽度 0.5mm
填充线倾斜角度 45度

海岛范围

填充颜色 RGB（255，234，190）

建筑物和设施

填充颜色 RGB（245，245，122）

填海连岛

填充颜色 RGB（255，204，230）

土石开采

填充颜色 RGB（255，179，51）

房屋建设

填充颜色 RGB（230，230，0）

仓储建筑

填充颜色 RGB（179，204，255）

港口码头

填充颜色 RGB（153，153，153）

工业建设

填充颜色 RGB（255，204，0）

道路广场

填充颜色 RGB（255，255，255）

基础设施

填充颜色 RGB（153，204，25）

景观建筑

填充颜色 RGB（255，230，230）

游览设施

填充颜色 RGB（255，179，217）

观光旅游

填充颜色 RGB（255，153，179）

园林草地

填充颜色 RGB（204，255，128）

人工水域

填充颜色 RGB（217，255，255）

种养殖业

填充颜色 RGB（255，255，204）

林业用岛

填充颜色 RGB（0，168，132）

附件2　无居民海岛用岛类型界定

序号	类型名称	界定
1	填海连岛用岛	指通过填海造地等方式将海岛与陆地或者海岛与海岛连接起来的行为用岛。
2	土石开采用岛	指以获取无居民海岛上的土石为目的的用岛。
3	房屋建设用岛	指在无居民海岛上建设房屋以及配套设施的用岛。
4	仓储建筑用岛	指在无居民海岛上建设用于存储或堆放生产、生活物资的库房、堆场和包装加工车间及其附属设施的用岛。
5	港口码头用岛	指占用无居民海岛空间用于建设港口码头的用岛。
6	工业建设用岛	指在无居民海岛上开展工业生产及建设配套设施的用岛。
7	道路广场用岛	指在无居民海岛上建设道路、公路、铁路、桥梁、广场、机场等设施的用岛。
8	基础设施用岛	指在无居民海岛上建设除交通设施以外的用于生产生活的基础配套设施的用岛。
9	景观建筑用岛	指以改善景观为目的的在无居民海岛上建设亭、塔、雕塑等建筑的用岛。
10	游览设施用岛	指在无居民海岛上建设索道、观光塔台、游乐场等设施的用岛。
11	观光旅游用岛	指在无居民海岛上开展不改变海岛自然状态的旅游活动的用岛。
12	园林草地用岛	指通过改造地形、种植树木花草和布置园路等途径改造无居民海岛自然环境的用岛。
13	人工水域用岛	指在无居民海岛上修建水库、水塘、人工湖等用岛。
14	种养殖业用岛	指在无居民海岛上种植农作物、放牧养殖禽畜或水生动植物的用岛。
15	林业用岛	指在无居民海岛上种植、培育林木并获取林产品的用岛。

附件3　建筑工程建筑面积计算规范

GB／T 50353－2005

1　总则

1.0.1　为规范工业与民用建筑工程的面积计算，统一计算方法，制定本规范。

1.0.2　本规范适用于新建、扩建、改建的工业与民用建筑工程的面积计算。

1.0.3　建筑面积计算应遵循科学、合理的原则。

1.0.4　建筑面积计算除应遵循本规范，尚应符合国家现行的有关标准规范的规定。

2　术语

2.0.1　层高 story height

上下两层楼面或楼面与地面之间的垂直距离。

2.0.2　自然层 floor

按楼板、地板结构分层的楼层。

2.0.3　架空层 empty space

建筑物深基础或坡地建筑吊脚架空部位不回填土石方形成的建筑空间。

2.0.4　走廊 corridor gollory

建筑物的水平交通空间。

2.0.5　挑廊 overhanging corridor

挑出建筑物外墙的水平交通空间。

2.0.6　檐廊 eaves gollory

设置在建筑物底层出檐下的水平交通空间。

2.0.7　回廊 cloister

在建筑物门厅、大厅内设置在二层或二层以上的回形走廊。

2.0.8　门斗 foyer

在建筑物出入口设置的起分隔、挡风、御寒等作用的建筑过渡空间。

2.0.9　建筑物通道 passage

为道路穿过建筑物而设置的建筑空间。

2.0.10　架空走廊 bridge way

建筑物与建筑物之间，在二层或二层以上专门为水平交通设置的走廊。

2.0.11　勒脚 plinth

建筑物的外墙与室外地面或散水按触部位墙体的加厚部分。

2.0.12　围护结构 envelop enclosure

围合建筑空间四周的墙体、门、窗等。

2.0.13　围护性幕墙 enclosing curtain wall

直接作为外墙起围护作用的幕墙。

2.0.14　装饰性幕墙 decorative faced curtain wall

设置在建筑物墙体外起装饰作用的幕墙。

2.0.15　落地橱窗 French window

突出外墙面根基落地的橱窗。

2.0.16　阳台 balcony

供使用者进行活动和晾晒衣物的建筑空间。

2.0.17　眺望间 view room

设置在建筑物顶层或挑出房间的供人们远眺或观察周围情况的建筑空间。

2.0.18　雨篷 canopy

设置在建筑物进出口上部的遮雨、遮阳篷。

2.0.19　地下室 basement

房间地平面低于室外地平面的高度超过该房间净高的1/2者为地下室。

2.0.20　半地下室 semi basement

房间地平面低于室外地平面的高度超过该房间净高的1/3，且不超过1/2者为半地下室。

2.0.21　变形缝 defornation joint

伸缩缝（温度缝）、沉降缝和抗震缝的总称。

2.0.22　永久性顶盖 permanent cap

经规划批准设计的永久使用的顶盖。

2.0.23　飘窗 bay window

为房间采光和美化造型而设置的突出外墙的窗。

2.0.24　骑楼 overhang

楼层部分跨在人行道上的临街楼房。

2.0.25　过街楼 arcade

有道路穿过建筑空间的楼房。

3　计算建筑面积的规定

3.0.1　单层建筑物的建筑面积，应按其外墙勒脚以上结构外围水平面积计算，并应符合下列规定：

（1）单层建筑物高度在2.20 m及以上者应计算全面积；高度不足2.20 m者应计算1/2面积。

（2）利用坡屋顶内空间时净高超过2.10 m的部位应计算全面积；净高在1.20 m至2.10 m的部位应计算1/2面积；净高不足1.20 m的部位不应计算面积。

3.0.2　单层建筑物内设有局部楼层者，局部楼层的二层及以上楼层，有围护结构的应按其围护结构外围水平面积计算，无围护结构的应按其结构底板水平面积计算。层高在2.20 m及以上者应计算全面积；层高不足2.20 m者应计算1/2面积。

3.0.3　多层建筑物首层应按其外墙勒脚以上结构外围水平面积计算；二层及以上楼层应按其外墙结构外围水平面积计算。层高在2.20 m及以上者应计算全面积；层高不足

2. 20 m 者应计算 1/2 面积。

3. 0. 4　多层建筑坡屋顶内和场馆看台下，当设计加以利用时净高超过 2. 10 m 的部位应计算全面积；净高在 1. 20 m 至 2. 10 m 的部位应计算 1/2 面积；当设计不利用或室内净高不足 1. 20 m 时不应计算面积。

3. 0. 5　地下室、半地下室（车间、商店、车站、车库、仓库等），包括相应的有永久性顶盖的出入口，应按其外墙上口（不包括采光井、外墙防潮层及其保护墙）外边线所围水平面积计算。层高在 2. 20 m 及以上者应计算全面积；层高不足 2. 20 m 者应计算 1/2 面积。

3. 0. 6　坡地的建筑物吊脚架空层、探基础架空层，设计加以利用并有围护结构的，层高在 2. 20 m 及以上的部位应计算全面积；层高不足 2. 20 m 的部位应计算 1/2 面积。设计加以利用、无围护结构的建筑吊脚架空层，应按其利用部位水平面积的 1/2 计算；设计不利用的深基础架空层、坡地吊脚架空层、多层建筑坡屋顶内、场馆看台下的空间不应计算面积。

3. 0. 7　建筑物的门厅、大厅按一层计算建筑面积。门厅、大厅内设有回廊时，应按其结构底板水平面积计算。层高在 2. 20 m 及以上者应计算全面积；层高不足 2. 20 m 者应计算 1/2 面积。

3. 0. 8　建筑物间有围护结构的架空走廊，应按其围护结构外围水平面积计算。层高在 2. 20 m 及以上者应计算全面积；层高不足 2. 20 m 者应计算 1/2 面积。有永久性顶盖无围护结构的应按其结构底板水平面积的 1/2 计算。

3. 0. 9　立体书库、立体仓库、立体车库，无结构层的应按一层计算，有结构层的应按其结构层面积分别计算。层高在 2. 20 m 及以上者应计算全面积；层高不足 2. 20 m 者应计算 1/2 面积。

3. 0. 10　有围护结构的舞台灯光控制室，应按其围护结构外围水平面积计算。层高在 2. 20 m 及以上者应计算全面积；层高不足 2. 20 m 者应计算 1/2 面积。

3. 0. 11　建筑物外有围护结构的落地橱窗、门斗、挑廊、走廊、檐廊，应按其围护结构外围水平面积计算。层高在 2. 20 m 及以上者应计算全面积；层高不足 2. 20 m 者应计算 1/2 面积。有永久性顶盖无围护结构的应按其结构底板水平面积的 1/2 计算。

3. 0. 12　有永久性顶盖无围护结构的场馆看台应按其顶盖水平投影面积的 1/2 计算。

3. 0. 13　建筑物顶部有围护结构的楼梯间、水箱间、电梯机房等，层高在 2. 20 m 及以上者应计算全面积；层高不足 2. 20 m 者应计算 1/2 面积。

3. 0. 14　设有围护结构不垂直于水平面而超出底板外沿的建筑物，应按其底板面的外围水平面积计算。层高在 2. 20 m 及以上者应计算全面积；层高不足 2. 20 m 者应计算 1/2 面积。

3. 0. 15　建筑物内的室内楼梯间、电梯井、观光电梯井、提物井、管道井、通风排气竖井、垃圾道、附墙烟囱应按建筑物的自然层计算。

3. 0. 16　雨篷结构的外边线至外墙结构外边线的宽度超过 2. 10 m 者，应按雨篷结构板的水平投影面积的 1/2 计算。

3. 0. 17　有永久性顶盖的室外楼梯，应按建筑物自然层的水平投影面积的 1/2 计算。

3. 0. 18　建筑物的阳台均应按其水平投影面积的 1/2 计算。

3. 0. 19　有永久性顶盖无围护结构的车棚、货棚、站台、加油站、收费站等，应按其顶盖水平投影面积的 1/2 计算。

3. 0. 20　高低联跨的建筑物，应以高跨结构外边线为界分别计算建筑面积；其高低跨内部连通时,其变形缝应计算在低跨面积内。

3.0.21　以幕墙作为围护结构的建筑物,应按幕墙外边线计算建筑面积。

3.0.22　建筑物外墙外侧有保温隔热层的,应按保温隔热层外边线计算建筑面积。

3.0.23　建筑物内的变形缝,应按其自然层合并在建筑物面积内计算。

3.0.24　下列项目不应计算面积:

(1)建筑物通道(骑楼、过街楼的底层)。

(2)建筑物内的设备管道夹层。

(3)建筑物内分隔的单层房间、舞台及后台悬挂幕布、布景的天桥、挑台等。

(4)屋顶水箱、花架、凉棚、露台、露天游泳池。

(5)建筑物内的操作平台、上料平台、安装箱和罐体的平台。

(6)勒脚、附墙柱、垛、台阶、墙面抹灰、装饰面、镶贴块料面层、装饰性幕墙、空调机外机搁板(箱)、飘窗、构件、配件、宽度在2.10 m及以内的雨篷以及与建筑物内不相连通的装饰性阳台、挑廊。

(7)无永久性顶盖的架空走廊、室外楼梯和用于检修、消防等的室外钢楼梯、爬梯。

(8)自动扶梯、自动人行道。

(9)独立烟囱、烟道、地沟、油(水)罐、气柜、水塔、贮油(水)池、贮仓、栈桥、地下人防通道、地铁隧道。

附件4　无居民海岛使用测量工作报告编写大纲

前言

简要介绍测量任务来源、测量时间和内容。

1　概况

1.1　测区情况

简要介绍无居民海岛的区位、地理位置、岸线、地质地貌、植被、沙滩、用岛大致范围、用岛范围内的用岛类型、用岛项目使用的周边海域范围。

1.2　作业依据

介绍本次测量依据的有关国家法律法规、政策、技术标准。

1.3　坐标系统

介绍本次测量采用的坐标系统。

1.4　已有资料

介绍本次测量已有资料(如无居民海岛地形图、DEM 数据、建筑物和设施平面图等)及其资料表述的与测量有关的主要内容。

1.5　主要仪器设备

介绍本次测量使用的主要仪器设备及其性能指标。

2　界址点测量

介绍界址点测量方法、用岛范围顶点和用岛区块顶点测量数量及数据处理方法,评定分析测量精度。

3　用岛区块面积和用岛面积量算

介绍 DEM 生成的数据基础、应用的软件、格网尺寸、DEM 生成方法、各用岛区块面积和用岛面积计算方法。

4　建筑物和设施测量

4.1　建筑物和设施高度、边长测量

介绍建筑物和设施测量内容(如高度、边长)、测量方法、测量对象,评定分析测量精度。

4.2　建筑物和设施占岛面积、建筑面积计算

介绍建筑物和设施占岛面积、建筑面积计算方法、计算对象和采用的基础数据。

5 岛体、岸线、沙滩和植被改变量计算

分别介绍岛体、岸线、沙滩和植被改变范围及改变量计算方法、采用的基础数据。如果通过实测进行改变量计算的,还需评定分析测量精度。

6 测量成果

测量成果采用测量成果表和图件表示。

参考文献：

卞璐. DEM 误差自相关性对地形参数的影响分析[D]. 南京:南京师范大学,2008.
陈丽华. 测量学[M]. 杭州:浙江大学出版社,2009 - 8.
程鹏飞,文汉江,成英燕,王华. 2000 国家大地坐标系椭球参数与 GRS 80 和 WGS 84 的比较[J]. 测绘学报,2009 - 6 - 38(3).
冯锡生,赵晓琳. GPS 坐标系统的变换[M]. 北京:测绘出版社,1994 - 12.
顾孝烈,鲍峰,程效军. 测量学(第 4 版)[M]. 上海:同济大学出版社,2011 - 2.
何保喜. 全站仪测量技术 [M]. 郑州:黄河水利出版社,2010 - 8.
黄丁发. GPS 卫星导航定位技术与方法[M]. 北京:科学出版社, 2009 - 6.
李征航,黄劲松. GPS 测量与数据处理(第二版)[M]. 武汉:武汉大学出版社,2010 - 9.
刘大杰,施一民. 全球定位系统(GPS)的原理与数据处理[M]. 上海:同济大学出版社,1996.
刘基余. GPS 卫星导航定位原理与方法[M]. 北京:科学出版社,2003 - 08.
刘学军等. 基于 DEM 的地形曲率计算模型误差分析[J]. 北京:测绘科学,2006. 刘雁春. 海道测量学概论[M]. 北京:测绘出版社,2006 - 11.
卢兴华. DEM 误差模型研究[D]. 南京:南京师范大学,2008.
聂让. 全站仪与高等级公路测量[M]. 北京:人民交通出版社, 1997 - 12.
宁津生,陈俊勇,李德仁,刘经南,张祖勋. 测绘学概论[M]. 武汉:武汉大学出版社,2008 - 5.
潘正风,文双江,成英燕. 数字测图原理与方法(第二版)[M]. 武汉:武汉大学出版社,2009 - 9.
覃辉. 测量程序与新型全站仪的应用[M]. 北京:机械工业出版社,2006 - 01.
王新. 基于地形图的 DEM 的构建及其精度分析[D]. 郑州:中国人民解放军信息工程大学,2001.
魏二虎,黄劲松. GPS 测量操作与数据处理[M]. 武汉:武汉大学出版社,2004 - 6.
魏二虎,黄劲松. GPS 测量操作与数据处理[M]. 武汉:武汉大学出版社,2004 - 6.
武汉测绘科技大学《测量学》编写组. 测量学(第三版)[M]. 北京:测绘出版社,2000 - 03.
徐绍铨,张华海,杨志强. GPS 测量原理及应用(第三版)[M]. 武汉:武汉大学出版社,2008 - 07.
徐忠阳. 全站仪原理与应用[M]. 北京:解放军出版社,2003 - 10.
杨俊志. 全站仪的原理及其检定[M]. 北京:测绘出版社,2004 - 7.
杨晓明. 数字测图[M]. 北京:测绘出版社,2009 - 2.
杨正尧. 测量学(第二版)[M]. 北京:化学工业出版社 ,2009 - 7.
叶晓明,凌模. 全站仪原理误差[M]. 武汉:武汉大学出版社,2004 - 03.
詹长根,唐祥云,刘丽. 地籍测量学(第三版)[M]. 武汉大学出版社,2011 - 01.
周忠谟,易杰军,周琪. GPS 卫星测量原理与应用 [M]. 北京:测绘出版社,1992.